班组安全 100 丛书

班组安全管理经验和方法精编

“班组安全 100 丛书” 编委会　组织编写

中国劳动社会保障出版社

图书在版编目(CIP)数据

班组安全管理经验和方法精编/“班组安全100丛书”编委会组织编写. -- 北京：中国劳动社会保障出版社，2019

(班组安全100丛书)

ISBN 978-7-5167-4027-9

Ⅰ.①班…　Ⅱ.①班…　Ⅲ.①生产小组-工业企业管理-安全管理　Ⅳ.①F406.6

中国版本图书馆CIP数据核字(2019)第104853号

中国劳动社会保障出版社出版发行

(北京市惠新东街1号　邮政编码：100029)

*

三河市潮河印业有限公司印刷装订　　新华书店经销

880毫米×1230毫米　32开本　8.875印张　209千字

2019年6月第1版　　2023年5月第2次印刷

定价：28.00元

营销中心电话：400-606-6496

出版社网址：http://www.class.com.cn

http://jg.class.com.cn

内容简介

班组是企业的细胞，是企业从事生产经营最基本的组织单位，正是承担不同职能的班组，构建了企业的生命之躯；班组是企业的基础，企业的生产活动主要在班组进行，企业的价值主要在班组产生，正是充满活力的班组，支撑起企业的宏伟大厦；班组是企业的阵地，在这里，人们同各种危险、事故做斗争，只有守住了安全生产的每一寸土地，企业的生命才得以延续，企业的效益才得以保证。因此，企业应该把管理的重心放在班组，重视班组的建设，关心班组的成长，打造智慧型班组、本质安全型班组。

本书着眼于班组安全管理，汇集了我国优秀班组安全生产的实例、经验和方法，可供相关企业班组学习和借鉴。

前言

随着科学技术的进步，工业化大生产应用于各行各业，机械、电子设备的广泛使用极大地提高了劳动生产率，也使得工作环境日益得到改善。然而，工业化也带来了由于工作环境越来越复杂所产生的安全问题，要么不发生事故，要么会发生更加严重的事故。因此，生产方式的进步对作业人员安全意识的提高和安全习惯的养成有更高的要求。

俗话说“安全不安全，自己管一半”。有些伤害是由操作者本人引发的事故造成的，有些伤害是由他人引发的事故造成的。因此，管住自己违章的“手”，就能有效地减少事故的发生，在减少由此给自己带来的伤害的同时，也减少对别人的伤害。如果每个人都能做到这一点，事故的发生率就会大大降低。另外，如果掌握了充分的安全知识和避害技能，即使遇到了事故，人们也能有效地采取合理的措施，减少甚至避免伤害的发生。从这个角度讲，“安全不安全，自己管一半”可以改为“安全不安全，自己说了算”。

大量事实表明，许多刚参加工作的人员非常重视工作技能的学习，但却忽视安全知识的掌握，非得经历一次事故才能真正明白安全生产的重要性。但是，一次生产安全事故有可能导致非常严重的后果，甚至使人遗憾终身。因此，企业一定要贯彻“安全第一，预防为主，综合治理”的方针，督促员工学习安全生产知识和技能，养成遵章守纪、不自作主张的良好习惯，确保安全生产，从而保障企业、员工的切身利益。

“班组安全 100 丛书”以案例的形式从事故预防的角度教育企业负责人和作业人员从以往发生的事故案例中吸取教训，从而提高安全生产意识，以免重蹈事故伤害的覆辙。

“班组安全 100 丛书”共有十三个分册，分别是：

《班组安全管理经验和方法精编》《违章违纪与操作失误事故分析精编》《危险作业现场隐患事故分析精编》《设备设施潜在隐患事故分析精编》《生产班组亲历事故教训精编》《机械制造企业班组安全生产事故分析精编》《冶金企业班组安全生产事故分析精编》《矿山企业班组安全生产事故分析精编》《道路交通运输企业班组安全生产事故分析精编》《化工企业班组安全生产事故分析精编》《建筑企业班组安全生产事故分析精编》《企业负责人安全生产责任分析与事故预防精编》《企业管理人员安全生产责任分析与事故预防精编》。

丛书案例均选自真实发生的生产事故，有的还来自当事人的自述，按照企业培训和员工自学的使用要求进行分类，经过精心编排，具有很重要的参考意义，适合企业对员工的安全生产培训，有助于员工安全生产意识的提高。

编者

2019 年 6 月

目录

CONTENTS

五、班组安全管理与安全活动方法参考 /213

一、企业班组安全管理实用有效的做法

班组是企业的细胞，是企业从事生产经营最基层的组织单位，是有效控制事故的“前沿阵地”。同时，班组也是执行和落实规章制度的主体，也是安全生产的主体。班组安全管理工作搞好了，才能保障企业安全稳定，才能提高企业经济效益。特别是煤矿、冶金、化工、机械制造等行业企业，生产过程的危险性、作业现场的复杂性，决定了企业需要加强班组安全管理工作，预防事故的发生。企业安全管理水平的高低，从某种意义上来说，关键在基层，重点在班组。

1. 布尔台煤矿运用科学管理推动班组安全建设

神东煤炭集团布尔台煤矿位于内蒙古鄂尔多斯市伊金霍洛旗境内，是集矿井生产能力、主运输系统提升能力、煤炭洗选加工能力三个世界第一的特大型现代化安全高效井工矿井。矿井于 2006 年 5 月 1 日开工建设，于 2008 年上半年试生产成功，已基本达到矿井建设 2 000 万吨/年的能力。

近年来，布尔台煤矿依靠现代科技，加强科学管理，以人为本，

推行现代企业管理制度和创新理念，实施质量、环境、职业安全卫生一体化运行体系。同时，矿井的六大监控系统，即工业电视监控系统、安全监测监控系统、综合自动化控制系统、人员及车辆定位系统、综采工作面数据采集及传输系统、矿井通信系统都已经配套完成，成为井下安全生产的保证。

在生产中，该矿认识到班组是企业的“细胞”，是企业最基层的组织，针对人员、班组众多的情况，注重加强班组管理，保证安全生产。企业的一切工作，最终都要通过班组得到落实。企业的管理离不开班组的“穿针引线”和辛勤劳动。因此，做好班组管理，是企业管理和安全生产的基础。班组与企业的关系，如同地基与大厦、大海与航船的关系：没有班组作扎实基础，企业大厦将无法立足于松软的沙滩之上；有了班组厚实的浮力，企业之舟就可在市场的大海之中乘风破浪。

（1）严格日常管理，建立班组“三严”机制

该矿认为夯实班组建设基础，建设安全、高素质的班组队伍，必须提高班组长素质，严格班组长的选聘程序，严格班组运行机制，严格班组考核。

1）班组长的选聘程序。对班组长的选聘，该矿采取班组民主推荐，班组员工测评通过，公开竞聘上岗，报矿审批备案的方式和程序进行。区队统一建立健全班组长管理档案，落实班组长津贴，按照“公开、公平、公正”竞争上岗的原则，坚持实行班组长“德、勤、绩、能”考核及末位淘汰制度，采取班组长与员工优化组合的方法，提高班组员工自主管理意识和能力。

2）班组运行机制。该矿建立健全了班组长管理制度，落实班组长安全例会制度和上岗三汇报制度，解决生产安全的实际问题，提高班组长的现场安全应变能力。该矿要求每位班组长坚持做到提醒讲在

操作前，隐患处理在工作前；做好班后安全总结，做好操作后动态安全确认，做好隐患处理后的动态复查验证；班前讲安全注意的要点有细心，班中动态巡查安全工作的重点抓细节，班后总结分析安全工作的弱点防细微，即按照“三前、三后、三点、三细”的工作方法来加强班组管理，“把复杂过程简单化，把简单过程标准化”，有效推进班组建设，确保班组建设的实效。

3）班组考核。该矿坚持“提倡什么，就考核什么”“想推动什么，就评估什么”“想强调什么，就检查什么”的工作思路，超前制定操作流程、工作标准和执行要求，明确考核范围和内容，通过“刚性”考核和文化引领，强化对工作程序的遵循和执行，使其最终成为班组管理文化沉淀下来。该矿注重成果考核、活动考核、资料考核、技能考核、效益考核，使考核始终贯穿于班组建设全过程，有效推动班组良性运作。对发生轻微伤及非人身事故的班组，取消当月班组长安全兑现奖励，同时，按工区相关规定进行处罚和责任追究。对工作能力不强，履职不到位，出现严重违章指挥及发生重大生产责任事故的班组长，解除其职务，并按规定追究其相关责任，从而增强班组长的责任意识和管理能力，使班组战斗集体精神更加凝聚。

（2）突出以人为本，提升“三个”能力

在班组建设中，努力培育班组员工的事故超前预防能力、紧急状态处置能力和事故自救互救能力是首要保障和关键因素。

1）事故超前预防能力。通过组织开展事故案例教育活动和加强班前会事故预防知识学习，提升员工事前预防技能，强化员工对危险因素的辨识能力。

2）紧急状态处置能力。紧急状态指的是事故或者意外事件发生时的状态，在这种情况下事故现场并没有达到一种无法控制的状态，而能否有效避免事故恶化或者消除事故，关键在于现场人员的紧急状态处置能力。因此，该矿每月进行一次班组事故模拟演练，采取现场突然“袭击”的方式进行实地检验，不断提升班组员工的紧急状态处置能力。

3）事故自救互救能力。一方面，该矿在员工集中培训过程中，加强事故自救互救知识培训。另一方面，该矿在每月举办事故应急救援演练活动中，特意安排自救互救演示环节，让广大员工熟悉掌握自救互救技能。

（3）注重正面引导，实施三项激励

布尔台煤矿在抓班组建设工作中，注重运用荣誉、经济、人才培育、操作方法上的正激励法，充分调动员工的工作积极性、主动性和创造性。

1）实行荣誉激励。该矿在区队范围内开展“明星班组”评选竞赛活动，实行一季度一评比一表彰，将各班组现场安全状况作为重要参考依据，严格按照评选标准进行考核，并及时公示，确保公开、公平。党支部将优秀员工列为重点发展对象，优先发展他们入党，增强他们的政治荣誉感。

2）实行经济激励。该矿对在班组建设中做出杰出贡献的个人，提高其工资系数，让他们在经济上得到实惠。另外，根据班组竞赛活动，超尺奖励、安全奖励等同样按系数执行，有效调动了广大员工的工作积极性。

3）实行实名激励。对在班组管理实践中的小发明、小创造、管理创新等，均按照其本人名字命名，大力宣传，上报矿进行推广。

（4）大处着眼小处入手，努力打造品牌班组

在提高班组长综合素质的基础上，该矿要求班组管理必须从大处着眼，小处入手，用精巧的“小手笔”，做出秀丽的“大文章”。该矿主要从“七个小”方面入手，完善了以个人保班组、班组保区队

的安全生产管理格局，为实现全矿安全生产持续健康稳定发展奠定了基础。

1）定出“小规矩”。制度管理是管理的必要手段之一，生产一线各班组根据布尔台煤矿的规章制度及生产、成本等相关情况，联系实际，制定出相应的制度和管理措施，以此规范班组员工的行为。

2）树立“小楷模”。素质好、能力强、文化高、业务精、能团结帮助人的员工在班组管理和生产活动中起表率作用。布尔台煤矿在班组里选拔这样的员工作为“小楷模”，用他们的言行举止感召人、鼓舞人。

3）开展“小竞赛”。布尔台煤矿一线生产班组年轻人居多，该矿关注他们争强好胜的心理，不时搞些小型的劳动竞赛。其实，有时这些竞赛并不需要设置奖品，大家需要的只是一种认同，并明确自己在班组的位置。开展“小竞赛”不仅能促进技术好的员工由于强烈的认知感而主动帮助后进员工，在安全生产中发挥更大的作用，同时也推动后进员工努力向前看齐，形成互帮互助、人人争先的好局面。

4）做好“小核算”。在煤炭行业持续低迷阶段，成本管控必须细化到每一个班组内。做好预算与核算可以使班组与区队形成责任共负、风险共担的格局，增强员工的“经营”意识和“危机”意识，促进员工主动节约，降低成本。

5）开好“小座谈”。要想让安全生产决策深入班组并落实下去，变成员工的具体行动，就必须要了解员工思想，同时要让班组中每名成员坦诚相待，这就需要一个轻松、愉快的氛围。所以，该矿要求班组必须定期把班组成员组织在一起，通过聊天等发现员工生产生活中的一些困难和思想波动，及时予以劝说和解决；员工中发生的矛盾，也可以通过谈心这种方式在公正、公开的氛围中淡化。通过座谈，员工自然会产生一种归属感、亲切感、责任感，班组才会有强大的凝聚力和战斗力。

6）征纳“小点子”。该矿要求各班组必须成立班组“智囊团”，为企业发展献计献策，提合理化建议，鼓励员工搞小改革、小发明、小创造，并且对产生经济效益的“小点子”进行奖励。通过一个或几个员工提出积极的建议，带动所有员工关心团队，形成“群策群力”的局面。

7）执行“小惩罚”。在实际工作中，有些班组长不好意思处罚班组员工，甚至有时还千方百计“和稀泥”，总是在“大事化小、小事化了”上做文章，而不从问题根源上找原因。在安全、质量、消耗、成本、任务等方面，对于老是出问题的员工，不妨给予一定的小惩罚，促使其加强责任心，增强责任感。

布尔台煤矿运用班组建设管理方法，将新形势下的班组建设纳入科学化、规范化、精细化的管理轨道。班组长的履职意识和能力明显增强，班组员工操作规范，自主保安能力显著增强，“三违”人员明显减少，有效减少了各类事故的发生，实现了安全生产。

2. 峰峰集团公司运用安全文化促班组安全管理

冀中能源所属峰峰煤矿是我国最早开发利用的矿区之一，至今已有 140 多年开采历史，2003 年 7 月改制为峰峰集团有限公司。2008 年 6 月，峰峰集团有限公司与金能集团联合组建冀中能源集团，现成为集煤炭采选、化工、电力、装备制造、建筑施工、现代物流等多产业综合发展的国有特大型企业。2017 年，峰峰集团公司煤炭产量为 2 611 万吨，精煤产量为 917 万吨，营业收入达 300 亿元，利税 34. 4 亿元，在册职工 2. 76 万人。

峰峰集团公司多年的实践证明，实现煤矿安全的关键在现场，根基在班组，核心是员工。班组的根基是否牢固，直接关系到企业的安全管理。对此，峰峰集团公司近年来实施了“员工三能力、岗位四达标、现场五规范”的安全文化建设，实现了班组安全管理的“六大转变”，使安全基础工作明显加强，职业健康安全状况逐年好转，企业安全生产呈现良性发展态势。

(1) 培养员工安全素质，提高“三种能力”

1) 培养员工的事前预防能力。在生产中，峰峰集团公司在各矿井大张旗鼓地开展了“一种预算、两种警示、三确认三不准和五单示范教练”活动。“一种预算”是指开展健康安全全面预算教育，透过事故算个人健康和家庭幸福账，算企业损失和班组个人损失账，算单位政治影响账，算社会和谐账，帮助大家辨安危之理，明幸福之道。“两种警示”是指开展“安全警示日”和安全警示教育活动。各矿结合实际确定“安全警示日”及活动内容。公司每年组织事故案例巡回展，做到警钟常鸣、常备不懈。“三确认三不准”是指班前会确认员工是否饮酒和情绪不佳，发现异常者不准下井；入井前确认劳动防护用品穿戴是否符合要求，不符合者不准下井；开工前确认机、物、环是否安全可靠，事故隐患是否排除，隐患不排除不准开工，然后生产过程中再确认。“五单示范教练”是指通过中层管理人员在工作现场对员工的不当操作进行“单教、单学、单练、单考、单查”，培养员工正规操作习惯和操作技能，提高员工预防事故的能力。

2) 培养员工的紧急状态处置能力。培养员工具备现场“一观测、二果断、三排除”能力。“观测”是通过召开事故案例分析会和开展“我谈身边惊险事例”座谈会等方式，培养员工对作业环境隐患及险情预兆的认知能力。“果断”是通过列出种种紧急状态下正确避险方法，培养员工对可能发生的伤害敢于正确、果断处置的能力。“排除”是在保证生命健康安全的前提下，告诉员工在什么情况下，采取什么手段和方式对发生的险情进行排除。为提高员工现场处置的“三种能力”，峰峰集团公司出资100多万元设计、制作了50集有自主知识产权的安全培训宣教片，利用班前会、培训日、电子屏等多种方式进行宣教。同时，峰峰集团公司还运用“班前一道题，现场五分钟”安全培训法加深记忆，并针对各工种岗位可能发生的险情，制定了应急预控程序。在落实控制程序上，峰峰集团公司注重“两提前”，即针对实际提前制定，提前向员工贯彻；把握“三个环节”，即制定环节要切合实际、便于操作，贯彻环节要每个人签字，实施环节要人人会干；实现“一个到位”，即监督检查到位。

3）锻炼员工的自救互救能力。峰峰集团公司重点强化了“训练、演习、报告”制度。“训练”就是对全员进行准军事化训练，对新上岗和转岗的员工进行自救器和消防器材使用训练、医疗救护知识训练等。“演习”就是定期对员工进行避灾演习，使每一位员工在井下都熟知自身所在工作地点的避灾线路，并在员工培训过程中针对各工种的应急逃生进行专门的考试。“报告”就是让员工在各类事故发生后要做到第一时间向相关部门及时报告，同时采取有效措施，防止事态扩大或蔓延。同时，峰峰集团公司经常组织集团公司总医院大夫到各矿巡回进行现场工伤急救知识培训，以提高院前急救的效果。

（2）推行“四标”管理，提高现场管理的可靠性

1）班组长安全素质达标。班组长作为“兵头将尾”，站在现场管理的最前沿，肩负着指挥、控制班组安全生产的重任。峰峰集团公司修订和完善了《班组长聘用管理条例》，并建立班组长动态管理机制。在班组长的选拔任用上，峰峰集团公司要求班组长必备5种基本素质，即思想政治素质、安全技术素质、管理素质、文化素质和心理、身体素质，并坚持以安全素质为首选标准。在班组长的日常管理上，峰峰集团公司将班组作为一级组织进行管理，给每名班组长建立

了职业档案，定期填写班组长个人安全及班组管理状况。峰峰集团公司定期组织班组员工对班组长进行测评打分，对安全管理不好、违章指挥、冒险盲干、不执行规程规定的班组长，坚决予以淘汰和撤换。为了提高班组的管理能力，峰峰集团公司每年都要对班组长进行1次系统培训，各矿井则每月都要抽出1天时间，脱产召开班组长座谈会进行交流，并把每年的10月9日定为“班组长活动日”，召开大型经验交流会，大力表彰优秀班组长。

2）员工安全装备达标。峰峰集团公司为每个班组长配备了便携式瓦斯监测仪，为采区的班组长配备了压力表和卡尺，在部分矿井配备了井下小灵通系统和人员定位系统。

3）岗位安全环境达标。几年来，峰峰集团公司先后对矿井的系统进行了改造，大力开展精品工程建设，为班组环境达标创造了基础条件。同时峰峰集团公司强化“一通三防”管理，13个生产矿井全部安装瓦斯监测监控装备，与集团公司联网运行，实现了安全信息的网络化；采用“移动式风水炮弹”等综合防尘措施，使产尘率降低了65%，从硬件上保证了岗位安全环境达标；将3个瓦斯突出矿井的架线机车全部更换为防爆蓄电池机车；引进了具有世界先进水平的矿井制冷系统，给采掘工作面降温，为员工创造一个良好的工作环境。

4）现场管理达标。峰峰集团公司提出了现场“五达标”要求，即现场制度达标、环境安全达标、设备完好达标、操作程序达标、工程质量达标。围绕“五达标”，峰峰集团公司采用“5E标准”（每个人、每件事、每一天、每一处、每一个环节）和“6S管理”（整理、整顿、清扫、清洁、素养、安全）确保制度和环境达标；用安全确认制保证设备达标；用准军事化的执行力和服从力保证按程序施工和严格正规操作，保证操作程序达标；用动态管理、过程确认和严格质量验收保证工程质量达标。

(3) 按“五化”要求，全面规范班组作业行为

1) 行为养成军事化。峰峰集团公司广泛推行准军事化管理。从队列训练入手，实行报告工作制度，强化礼仪模式，采取井上、井下按规定路线行走等强制措施，规范员工的日常行为。峰峰集团公司创立了班前礼仪“六步骤”：“一唱”，唱集团公司之歌；“二诵”，背诵集团公司企业理念；“三评”，对当班优秀员工、试用员工进行讲评；“四讲”，讲上班安全生产情况和当班工作安排、安全注意事项等；“五嘱托”，对员工进行班前情绪确认和亲情嘱托等；“六宣誓”，全体起立，进行安全宣誓。这些步骤全面带动了班组员工执行力的提升。

2) 班组行动团队化。峰峰集团公司建立了班组群体风险激励机制，设立群体健康安全风险奖，将本班组个人“三违”或工伤与全班组员工收入相挂钩，从而增强员工团队意识和互保责任。针对员工升井、入井过程中事故较多的情况，峰峰集团公司强制推行了集体升井、入井制度，实现了升井、入井过程的组织控制。每个班组集体排队入井，乘坐人行车剩下一人时，必须再留下副班组长结伴而行。收工时，班组员工到指定地点集合，班组长清点人数后再集体升井。自2006年“安全生产月”推行集体升井、入井制度以来，各矿井未发生员工升井、入井过程中的事故。

3) 岗位操作程序化。峰峰集团公司制定了井下工种岗位操作程序，明确了在具体工作中应当先干什么、后干什么。为促进员工树立严格的程序观，峰峰集团公司采取班前提问、点答和现场背诵等方式，坚持强制培训，保证了具体操作程序人人会背、会用。

4) 现场管理规范化。峰峰集团公司抓现场管理规范化，着力强化现场三阶段的有效监控。开工前必须进行接班环境设备“两确认”；施工中必须严格执行“三施工”，即按规程要求施工，按操作

程序施工，按质量标准化施工；收工后必须填写安全质量评估表。

5）班组考核精细化。峰峰集团公司在班组建设监督考核方面，实行 ABC 三卡制度考核，建立了班组工作质量、工作数量、工作效率、安全状况等指标连挂考核评价体系，建立员工职业安全健康档案，实施全程跟踪考核。通过记录员工的“三违”、工伤等情况，班组采取停工学习、经济处罚、班前会讲评等形式，激励员工不断提高安全意识，促进行为规范的养成。

3. 荆门热电厂积极推行班组“五星制”安全管理

荆门热电厂是湖北长源电力公司所属企业，始建于 1976 年。建厂以来，荆门热电厂始终坚持科学发展观，以安全生产为基础，以管理创新和企业文化建设为保障，以深化改革为动力，以全面提升企业活力和竞争力为根本出发点，坚持“两手抓，两手都要硬”的工作方针，不断深化、细化管理，企业的生产经营和精神文明建设工作都取得了丰硕的成果。近年来，荆门热电厂有多项现代化管理创新成果获奖，在行业内外产生了一定的影响，为湖北省及华中地区的国民经济建设做出了重大贡献。

自 2011 年开始，荆门热电厂明确提出了两项安全管理目标：一是杜绝人身伤害，二是有效控制机组非计划停运。为实现这两大目标，荆门热电厂将“抓班组、强基础，促进安全管理制度化、规范化”摆在首位。“麻雀虽小，肝胆俱全”，班组虽小却事关全局，抓实了班组安全建设，企业才可以真正做到“班组小细胞激活大能量”。因此，荆门热电厂积极促进班组安全建设，让基层班组当起了“安全主角”。

（1）健全完善的规章制度，奠定安全管理基础无规矩不成方圆。健全完善的规章制度，是安全管理的有力保障。2010 年 4 月，企业进行生产体制改革，对机构进行大幅度调整。为保障安全工作平安着陆，荆门热电厂修编了《各级各类人员安全生产责任制》《承包工程文明施工管理标准》《文明生产考核标准》等 24 项安全管理标准；实行了工作票纸质双份打印和手写签名制度；编制了《生产现场常见危险点、源的识别与控制》，在工作中实行检查、反馈与考核闭环管理，实现了有据可查、有章可循。

源头防范，齐抓共管，彻底扭转“头痛医头”的被动局面，这是荆门热电厂三级安全监督网的终极目标。这个三级安全监督网是指安监环保部、生产部门和班组形成的安全网络。每一年，厂部→生产部门→班组→班员，层层都要签订安全责任状，形成“千斤重担大家挑，人人肩上有指标”的安全氛围。安全网络的作用不仅仅体现在墙上、会上、纸上，更突出表现在无处不在的监督上。荆门热电厂每月都会及时发布“现场安全文明生产考核通报”，不仅在全厂办公自动化系统、公示栏中发布，而且用照片“曝光”。

此外，“十条禁令”在荆门热电厂已是人人知晓。“无票工作处罚 2 000 元”“不按规定佩戴安全帽待岗 1 个月”“穿高跟鞋、凉鞋进现场，待岗 1 个月”“临时工作业无专人监护，处罚责任单位 3 000 元”一条条看似严厉实则体现着关爱生命理念的条款，使员工们在工作中相互提醒、相互检查，杜绝蛮干和冒险事件的发生。很多班组安置了穿衣镜，专门用于在出门前检查“岗前安全三检查”中的劳动防护用品是否穿戴到位。

正是这些铁的纪律编成的一张“制度钢网”，使班组和员工在生产作业时自觉远离“禁区”，通过“安全生产月”和季节性专项安全检查，该厂当年一整年完成安全隐患及设备缺陷整改 1 953 条，有效地遏制了人身伤亡和设备损害事故的发生。

（2）创新班组安全建设，促进班组安全管理不断完善

“价值观不向业绩妥协，业绩不向辛苦妥协”，这是荆门热电厂倡导的理念，它彻底颠覆了传统“没有功劳有苦劳”的观念。就如同要开好车，就要坚决摈弃“闯红灯赶时间”“逆行抄近道”等行为，对于安全管理，创新班组安全管理方法必不可少。

“员工月月实行安规机考”是荆门热电厂班组安全管理的一大特色。2010 年 8 月，该厂开始研发“安规网上机考”项目，经过多次测试改进，“多媒体评测系统”于 2010 年 10 月进入在线测试。2011 年 1 月该系统正式投入使用，每月 11—30 日为各班组正式考试时间。

机考系统分模拟考试和正式考试，通过多种组卷方式及无纸化考试的手段，可支持 1 000 多人同时在线考试。为了反复巩固安全知识，信息中心还不断更新题库。题库里的试题都是每个部门的技术员根据安全规程和实际工作遇到的问题设置的。除了常规的安全规程知识，试题里还加入了许多解决实际问题的题目。2012 年 4 月，全厂员工还进行了一次纸质安全规程考试。

“建立个人、班组安全档案”是热电厂抓好班组安全管理的另一大创新点。个人安全档案里可明确记录 2 次“个人安全机考”分数、安全表彰激励、违章违纪情况，以及不安全事件发生的时间、性质、承担责任等详细信息，它既是员工职位升迁的重要依据，同时也给管理者合理安排人员提供了依据。“班组档案”“班长日志”则属于每年安全检查的必查台账，它要求班组长在工作中实施走动式管理，真正做到 4 个“全面”：布置工作——全面交底，实际作业——全面监督，结束工作——全面验收，总结经验——全面改进，也逐渐把班组长从能干活、会干活逐渐转变成能管事、会管人的管理型班组长。

与此同时，安监部门对口蹲点班组抓安全、临时用工实施“一对一”监护、全厂班组长安全交流会、成立班组成员劳动安全互查

互保小组等系列举措也促进安全管理在基层班组“落地开花”。基层班组则纷纷拿出“自选动作”，由“被查”变为“共管”。例如，发电部管理人员与班组“一对一”绑定安全责任，燃料部“人人上台当安全员”，化水运行班组召开“警惕安全疲劳”学习会等，收到了很好的效果。

(3) 实施“五星级班组管理”，推动班组不断进步

一个班组安全管理效果如何，在荆门热电厂有个最好的检验办法，那就是实行“五星级班组管理”评选办法，班组安全、班建成绩突出，则“升级”，安全存在问题则一票否决，即“降级”。

荆门热电厂主业共有 74 个班组，为了促进班组绩效指标、管理能力、创新能力、服务文化建设水平的稳步提升，该厂从 2012 年开始实施班组星级管理。星级班组评价分为一星到五星 5 个等级，考评内容涉及班组基础建设、安全健康环保建设、职工技能建设、民主和谐建设、创新文化建设、精益生产管理 6 个方面，而安全问题则实行一票否决制。该办法中还建立了相应的奖惩激励机制，对所有级别班组实行动态考核，采取升降制，三星级以上方可享受星级班组待遇。

发电部集控二值是全厂唯一的“四星级班组”，每位班组成员每月都享受“四星待退”奖励 50 元，该班组的班长间德志说：“这 50 元既是对我们的肯定，也是我们的压力，安全工作永远摆在第一位，我要求班组成员都要为荣誉而战，绝不能有半点闪失。”为此，他们开展了安全技术解答、三级巡检法、人人当老师、自做现场设备培训课件和岗位晋升考试等系列活动。该班组 2010 年因安全管理成绩突出受到厂部 16 次嘉奖，还获得了“2010 年管理创新样板班组”的荣誉。

集控二值的成绩其实是该厂基层班组创新管理的一个缩影。正是这个“星级班组”评选将班组管理推向了一个新台阶，培育出多名

技术素质过硬的值班员，也极大地调动了班组员工的积极性和创造性。2011 年又有 44 个班组申报“二星级班组”，8 个班组申报“三星级班组”，4 个班组申报“四星级班组”。

随着企业对外检修市场开拓力度的不断加大，该厂的检修队伍已经出征广州、泉州等地，班组星级管理的脚步也延伸到了每个工地。班组在安全管理中着重进行“四个一”：每个人都要签订一次“安全军令状”，规范一个临时用工外聘程序，工程开工前签订一次安全生产管理合同，临时工与职工签订一个一对一安全互保协议，从而确保安全管理可控、在控。

该厂已连续安全运行多年，所有班组正扎实创建学习型、效益型、安全型、创新型、和谐型“五型班组”，针对生产经营广泛开展劳动竞赛、合作攻关、创造发明和全面质量管理小组成果发布等创新活动，抓好安全生产，实现平安年，更好地推动企业安全可持续发展。

4. 海洋采油厂加强班组安全管理夯实企业根基

海洋采油厂是胜利油田所属单位。胜利油田是在 20 世纪 50 年代华北地区地质普查和石油勘探的基础上发展起来的大型企业，主要从事石油天然气勘探开发、石油工程技术服务、地面工程建设、油气深加工、矿区服务等业务，2006 年变更为胜利油田分公司，2017 年管理局进行公司制改造，成立胜利石油管理局有限公司。所属单位有 30 个，包括勘探开发建设生产单位、科研院所等，用工 8. 54 万人。

胜利油田工作区域分为东部油区和西部油区，东部油区主要分布在山东省东营、滨州等 8 个市的 28 个县（区）内以及海上辽东东地区，西部油区分布在新疆、青海等 4 个省（自治区），2017 年生产原油 2 341.6 万吨。

胜利石油管理局有限公司所属海洋采油厂（以下简称采油厂）是公司从事浅海油田开发的专业化油气生产单位，主要承担着海上埕岛油田的开发建设和管理任务。海上自然条件恶劣，工作条件艰苦，平台管理和技术要求高，需要建设一支高素质的职工队伍。企业安全生产目标和生产经营任务的完成，最终要通过各班组职工的努力才能实现。只有大力加强班组安全管理，夯实安全生产的根基，才能为企业的长期安全稳定奠定基础。

（1）提高班组的安全管理效率，促进职工参与管理

加强班组安全管理，必须使职工共同参与安全生产管理，提高安全工作效率。在这一方面，该厂采取积极态度，推动班组建设工作。

1）坚持安全教育经常化。采油厂每天早晚各组织一次安全教育活动。早上安排工作时，由平台安全员对一天工作中的重点安全环节进行隐患分析、提醒；晚上对一天的安全生产情况进行总结分析，查找不足，进行再教育。每周组织一次安全例会，每月组织一次安全分析会，实现安全教育不断线。采油厂针对季节特点，坚持经常性安全教育与季节性安全教育相结合。联系平台实际，采油厂组织职工自行创作安全知识教材，先后编写出《安全生产七字歌》《安全陋室铭》《七律四篇话管理》，将安全知识融入充满韵味的诗歌中，使枯燥的安全教育变得生动有趣。为提高职工的参与热情，采油厂还坚持每年组织一次安全知识动画比赛，以营造积极参与的氛围。

2）实施亲情安全管理。亲情安全管理是将安全管理活动的全部内容注入亲情这支“催化剂”中。每天班前讲话后，采油厂要求每位职工站在有全家合影的展示栏前，重复一次家人的安全留言；每季度评选一个“安康家庭”；利用职工家属生日等有纪念意义的日子，采油厂把家属邀请到班组进行现场观摩，使家人了解职工的工作环

境、危险程度等，让家人真正担负起关心职工安危的责任。

3）建立完善的考核体系。为对职工工作期间的日常行为进行规范，采油厂设立了“安全明星岗”，每月组织一次评比活动，对获得这一荣誉的岗位职工予以重奖，并组织其传授经验；建立了违章曝光台制度，对违章现象及时进行曝光，并组织班组开展违章剖析活动，使其他班组成员也受到教育。以开展争创“安全先进班组”活动为契机，采油厂推行了班组岗位自查自改与平台总体检查相结合的安全监督机制。班组每周组织一次自查自改活动，对不能主动发现隐患或发现隐患后不能及时整改的班组，给予扣分批评，并将自查情况作为“安全先进班组”的评选依据。该项活动调动了班组强化自身管理、实现班组本质安全的积极性。

4）开展“安全承诺活动”。为加强日常行为管理约束，采油厂每名职工都做出了“告别违章、确保安全”的承诺。采油厂每半年组织一次“不安全事件报告”活动，再现职工在工作、生活中所见的生产安全事故和自己亲身经历的险肇事件，供大家交流、学习，共同吸取教训，达到互相警示的目的。

（2）严格安全制度管理，开展内容丰富的安全教育

该厂在生产过程中，具有危险因素多、操作难度大等特点，需要保持长周期安全稳定生产，平时重视班组员工的安全态度教育，注重员工安全理念的正确引导，着眼于构建安全文化，为人员作业保驾护航。

1）加强人员规章制度管理。针对生产作业存在的问题和操作难点，采油厂编写了《井组平台安全操作手册》，制定了《出海人员安全管理规定》等制度，为每位出海人员配备安全用品专用包，组织职工进行安全环保技能考试及消防、逃生、救生演习，加强职工安全管理，提高职工的应变能力，并加强要害部位的管理。

2）做好事故隐患的诊断、整改工作。该厂注重细节规范，完善和落实各项规章制度，制定和实施安全管理标准和管理制度，从日常纪律到操作规程，从隐患查找到事故处理，都作了明确规定，用规范的管理实现安全。同时，采油厂强调班组建设，做到定人、定事、定责，加强了全员抓安全生产的持久动力和长效责任。

3）提高班组成员应急能力。事故发生时，能否首先控制住事态，这既是关系到整个事故处理成败的基础和关键，又是寻找更好、更彻底的处理方法的重要条件。一方面，采油厂通过正面引导，采取点式安全管理，分清主次，重点控制，改进与人员、生产安全相关的系统；另一方面，采油厂引导大家学习在事故突发时如何最大限度地进行现场决策，科学处理，并在平时讨论、分析、总结事故教训，积累非程序化决策经验。

4）创新自动化安全模式。采油厂运用遥控遥测技术、自动化技术、通信技术、网络技术等多学科综合协作技术，实现了海上安全监控、安全检测、安全管理的自动化，最大限度地减少了生产成本，优化了生产管理。采油厂通过建立与公司相连的一套办公自动化系统网络，以主页的形式把日常工作放到了网络上，实现网络交流、文件传递、领导审批、职工培训网络化。所有生产、安全信息均可在网上查询，部分取消了以往常用的报表，逐渐实现了办公自动化，在提高安全管理水平、手段及工作效率的同时，实现了资源共享。

（3）实施班组“软化”管理，运用监控系统保障安全

采油厂在日常生产作业中，对班组中有可能引发事故的有害因素有前瞻性和预见性，同时运用自动化安全监控系统，助力班组安全。

1）实施“三法三卡”风险管理模式。“三法三卡”是按照石油石化工业 HSE 管理体系（健康、安全与环境管理体系）要求设计的一套现场班组岗位安全、健康、环境保护方法体系，是运用安全系统

工程原理，针对岗位或工种识别各类危险有害因素，设计危险、有害、安全检查信息卡。“三法”指职业健康保障法、职业安全保障法、环境保护法，“三卡”指安全作业指导卡、岗位有害因素信息卡、岗位作业安全检查卡。实施“三法三卡”风险管理模式的目的，是指导员工的安全行为，有效控制各类危险、有害和环境影响因素，使员工掌握、了解和熟悉风险因素的性质，以便在作业过程中有效控制和防范可能的事故、职业病和环境有害事件的发生。

2）做好班组风险辨识和评价工作。班组风险辨识和评价工作是制作“三法三卡”的基础。在制作过程中，采油厂组织全部岗位的安全员、技术员参与，力争做到准确、全面、有针对性。同时，采油厂将每个岗位的“三法三卡”6 张卡片发放到每一名员工手中。实施“三法三卡”弥补了员工在初级培训、三级安全教育以及日常培训中的不足。“三法三卡”管理的主要对象是班组中的每一名员工，“三法三卡”充分考虑了员工的切身利益，具有较强的针对性。同时，它负载的信息实用、易懂。“三法三卡”6 张卡片上所记录的信息简单明了，而且都是平时岗位工作可能接触到的危险情况，因此，即使是文化水平不高的基层员工，接受起来也比较容易，也能学会面对危险，迅速做出应急反应。

3）运用自动化安全监控系统助力班组安全。采油厂运用自动化安全监控系统，如雷达监控系统、井组平台 SCAN3000 系统（一种监测和数据采集系统）、井组平台电力自动化系统、电视监控系统及火灾、可燃气体监控系统等，组建 2 个班组 12 个人，在中心平台设立中控室，监控海上船舶安全生产。同时，采油厂实行领导带班制度，将原来的“陆地—中心平台—井组平台”的工作程序，简化为“中心平台—井组平台”的工作程序，有效地实施全面、全过程、全方位的安全生产管理，提高了海上安全生产管理的水平。

5. 云驾岭煤矿创新理念精心打造本质安全型班组

云驾岭煤矿是冀中能源邯矿集团下属单位，位于河北省邯郸市，地理位置优越，交通运输便利，矿井设计生产能力 60 万吨/年，经过技术改造，生产能力达到 150 万吨/年，原煤入洗能力 90 万吨/年，现有职工 2 300 名。

近年来，云驾岭煤矿坚持走新型工业化道路，大力实施科技兴矿战略，不断拓宽管理思路，创新管理理念，以“文化引领、管理创新、理念牵引，着力打造本质安全型矿井”的工作思路，注重提高员工整体素养，培养本质安全型员工，着力强化安全基础管理，精心打造本质安全型班组，提高矿井安全保障水平，实现企业健康可持续性发展。

（1）从班组长到全员的精细化管理

班组是煤矿的细胞，要提升煤矿的整体安全，首先要加强每个班组的安全建设，化整为零，采取精细化管理。云驾岭煤矿结合实际情况建立了班组长动态管理机制，完善班组长建设工作，对班组长的举荐、选拔、管理、培养都作出具体规定。同时，云驾岭煤矿开展评选优秀班组长活动，把班组长作为发展党员和提拔科级干部的培养对象，选送 16 名班组长到河北工程大学深造，提高班组长的自身素质和管理能力。此外，云驾岭煤矿还规范班组长提资标准，调动班组长工作积极性，明确班组长职责，把班组长提资标准、管理津贴同生产任务和班组安全挂钩考核。

按照权责范围不同，管理性质不同，云驾岭煤矿形成了“一纵”和“一横”两个相互交织的组织架构。“一纵”就是组织机构从上到下，一级考核一级。通过对全矿各项工作目标细化分解，形成 TRAM（全员责任目标精细管理）领导小组、专业考核小组、基层区科、班组、职工的层层责任传递链条。“一横”就是考核项目横向贯穿各考核单元。12个专业考核组分为12条线，贯穿于各单位的生产作业、经营管理等方面，做到了管理无缝隙，工作无漏洞。

（2）实施班组“四化”建设，走现场管理规范化之路

班组“四化”建设主要包括以下内容：

1）班组精神团队化。云驾岭煤矿建立了班组群体风险激励机制，设立群体安全风险奖，由矿安监站统一建立了班组安全账户，将班组个人“三违”或工伤与全班组员工收入挂钩，增强了互保联保责任感。

2）具体操作程序化。该矿根据生产实际，制定了岗位工操作程序，加强生产过程管理。为促进员工树立严格的程序关，该矿采取班前提问和现场背诵、每日一题、每周一考、每月一赛等方式，保证了具体操作程序人人皆知。

3）现场管理规范化。上班前必须进行集体安全宣誓，开工前必须进行现场交接班，对环境、设备实现“两确认”；施工时必须严格执行按规程措施施工、按操作程序施工、按质量标准化施工的“三施工”制度；收工后必须填写安全质量评估单。

4）班组考核精细化。该矿实行ABCD四卡精细管理，建立了班组工作质量、工作数量等指标连挂考评体系。各班组设立员工安全健康档案和“三工并存、五工转换”动态管理牌板，实施全程跟踪考核，增强了各岗位员工的安全意识，促进其行为规范的养成。

（3）推行安全责任机制，形成本质安全型班组

云驾岭煤矿积极推行班组员工“两签、三包、四挂”安全责任机制。生产一线班组长与员工之间签订安全责任状，员工与员工之间互签安全联保协议书，形成了责任联体、利益联体、互相监督、互动影响、互为联保。同时，安全责任与班组长工资、员工工资、安全奖

金以及季度效益奖金挂钩，形成“以责任说话，靠制度办事”的本质安全型班组。

该矿着眼于制度培养习惯，依靠精细管理筑牢职工安全大堤。该矿推行全员责任目标精细管理，就是将安全管理的对象分解量化成具体的数字、程序，通过实施精准计划，精确定位、精密控制、合理分工、细化责任、规范流程、优化资源、闭合考核、正确评价，做到全员、全岗位、全过程精细管理，实现人人、事事、处处有目标、有标准、有责任、有考核、有改进、有提高。

（4）建立安全文化体系，使职工向“我要安全”转变

文化是企业的精髓，建立安全文化体系，使职工从“要我安全”转变为“我要安全”。云驾岭煤矿职工澡堂至副井井口是职工上班必经之路，为了让职工把安全意识入脑入心，做到不伤害别人、不伤害自己和不被别人伤害，该矿在此处建立了一条长约 500 米的安全文化走廊。走廊里有安全文化十二苑，如安全警示苑、安全漫画苑、安全制度苑等内容。其中，安全亲情苑内设有每位员工的全家福照片和家人的亲情嘱语，职工每次在入井之前都要面对全家福进行集体安全宣誓：“安全第一、生命为天、党政工团、齐抓共管、管教并举、常抓不断、亲情嘱托、共保安全。”每一次安全宣誓都是对“生命至高无上”的深刻诠释，日积月累，安全誓词在潜移默化中入脑入心，形成强大的安全内在动力。

云驾岭煤矿各个班组积极响应全国 12 个优秀班组提出的“一起读书”的倡议，认真开展学习活动。大家有组织、系统地学习安全知识，提高了班组整体的文化素养，也提升了每个组员的岗位操作技能。

除此之外，煤矿工会协调联动，每月开展一次“安全高潮日”活动。丰富多彩的安全文艺节目、安全知识有奖竞答，让职工在欢声

笑语中接受安全文化的熏陶。在每月的“女工送安全到一线”活动中，女工们用自己的爱心把安全鞋垫、安全毛巾、安全嘱语亲自送给一线职工，用“柔情”编织了一张保障安全的亲情网，把长辈的安全嘱托、妻儿的殷切期盼，传递给每一名职工，用亲情教育和感染职工，提高职工遵章守纪的自觉性。

通过各项措施的有序实施，云驾岭煤矿每个班组都逐步形成了“安全教育使其不想，安全制度使其不为，安全监督使其不敢，亲情期盼使其不能，待遇优厚使其不舍”的良好安全氛围，也使班组管理工作做到规范化、制度化、精细化。矿井连续实现了 3 个安全自然年，创出了建矿以来最长的安全周期，企业步入了良性循环轨道。

6. 陕西北元化工集团公司提升班组安全管理水平

陕西北元化工集团公司成立于 2003 年 5 月，是一家股份制大型盐化工企业，凭借资源、规模、循环产业链、区位和体制五大优势，实现了煤盐资源就地转化，具有每年生产 110 万吨聚氯乙烯、88 万吨离子膜烧碱、220 万吨新型干法工业废渣水泥、50 万吨电石的生产能力及 4×125 兆瓦的发电能力。陕西北元化工集团公司每年可转化原盐 135 万吨，直接和间接转化原煤 800 万吨，带动当地化工、建材、运输、服务等相关产业快速发展，对助推当地工业经济增长和追赶超越发展具有重要意义。公司下设 10 个职能部门、1 个研发中心和 4 个分、子公司，现有职工 4 200 余人。

近年来，该集团公司积极开展形式多样的班组安全建设活动，强化职工安全思想宣传教育，并将“白国周班组管理法”向班组一线推广，全面提升班组安全管理水平。

（1）推行班前会“六环节步骤法”

班前会“六环节步骤法”重在落实安全生产任务的重要环节，增强职工安全意识，以提高班前会质量，强化人员个人安全意识，从而规范职工安全操作行为。

1）会务准备。班前会主讲人要提前掌握、了解上一班安全生产任务完成情况及存在隐患，明确具体要讲些什么内容，做到心中有数，并按照班前会的程序和要求认真备课。

2）人员排查。当班班前会主讲人，即厂长、车间主任或班长在班前会前，对当班职工进行点名签到。要从关心职工、爱护职工出发，看职工是否休息好，班前是否有人饮酒，是否身体不适等，消除职工思想上、体力上存在的事故隐患。会议主讲人点名前，职工要坐正，点名时要答“到”。

3）安全培训。各厂简要传达上级有关文件和会议精神后，对职工进行安全知识、技术措施等培训，并对当班职工掌握情况进行当场抽考提问，做到讲一题，就让职工理解一题、掌握一题，增强职工学理论、学技术的主动性和积极性。

4）安排任务。主讲人要把上一班工作现场情况讲清楚，对存在的隐患或可能出现的问题进行点评、解析，提出应急措施和整改办法。主讲人应通报上一班生产任务完成情况，详细布置当班生产任务，明确本班要完成的任务指标，落实到人，分析完成任务的有利条件和不利因素，增强当班职工完成任务的信心和决心。

5）询问确认。主讲人要对当班职工掌握班前会内容情况选择职工进行询问确认，职工对询问情况进行回答，每位职工对当班任务、安全责任、作业行为做出承诺。同时，各厂要规定专人在统一的班前会记录本上记录，确保班前会记录的完整性、准确性和真实性。

6）安全宣誓。安全生产任务确认后，全体职工起立，举起右拳，进行安全宣誓，以振奋职工精神，培育职工步调一致的团队意识。

（2）实施班组长素质教育工程

班组长素质教育工程的目标，是对班组长进行全方位、多角度的素质培训教育，最大限度地增加他们的安全科学知识，从而使班组安全生产工作一步一个脚印地向更高层次迈进。具体方法：明确班组长的素质要求，规范班组长任用机制，确定班组长的安全职责，采取“教”“学”与“做”相结合的培训模式，实施有效的奖励机制，提高政治待遇和经济待遇。

（3）推行班组名誉职工

推行班组名誉职工，旨在强化班组现场安全管理，加强企业管理人员与职工的沟通和参与度，提高管理人员的基层工作能力。具体做法是，在科级以上和部分主要科员中，选配人员派驻基层担当名誉职工，每年轮换一次，这样能够调动名誉职工的积极性，发挥名誉职工的生产现场管理作用，改进、提升、加强班组生产现场的安全管理。

（4）实行高危岗位“三法三卡”体系

采用表格和卡片方式，针对每一个高危行业岗位，分别设计有针对性的“三法三卡”，即岗位事故预防法、岗位健康保障法、岗位环境保护法，以及岗位作业安全检查指导卡、岗位危害因素信息卡、岗位危险因素信息卡。“三法三卡”的编辑、发行、学习、考核等过程，可以将“三法三卡”的内容外化于形，内化于脑，固化于行。实行高危岗位“三法三卡”体系，旨在使现场职工掌握、了解和熟悉事故风险性质，以便在作业过程中有效控制和防范事故风险。

（5）实施班组培训优化工程

实施班组培训优化工程，旨在增强职工的学习兴趣，变“要我学习”为“我要学习”。具体做法：开展不同层次的培训，包括班组长、安全员、职工、特种作业人员等培训；利用灵活多样的培训、教育方式，采取“理论技术加实物”培训，即在培训职工理论、技术的基础上，结合现场实物（设备、设施、工具、装备等），对职工进行培训；开展“三结合”教育，即正面教育与反面教育相结合，单位教育与家庭教育相结合，事前预防教育与事故案例教育相结合；进行“五单”示范教练法，即聘用有现场经验的人员对职工进行“单教、单学、单练、单考、单查”。

（6）开展班组安全文化系列活动

开展班组安全文化系列活动，使职工树立正确的安全意识，掌握更多的安全知识，提高安全综合素质，充分调动职工参与安全文化活动的积极性。具体方法包括：组织安全竞赛活动，如安全技能、救援逃生技能、查隐患和提安全合理化建议竞赛等活动；开展“安全生产周（月）”活动；举办安全演讲比赛活动；举办安全文艺活动；开展安全亲情文化活动，可向职工亲属介绍厂情、工况和岗位知识，采取职工亲属座谈会、手机短信报平安、亲属缝制安全爱心鞋垫等形式，潜移默化地宣传安全文化；开展“安全明星岗”“青年安全示范岗”活动；开展“师徒结对子”活动；开展“警示日”活动。

总之，班组安全文化建设是一个循序渐进、动态发展的过程，它受员工的文化结构、素质的制约和影响，必须随着科学发展而发展、技术进步而进步、工艺变化而变化，只有与时俱进、创新发展、不断丰富其内涵，才能保持其顽强的生命力和完整的个性特征，为企业安全、生产、效益提供动力源泉。

7. 马钢公司第一能源总厂夯实基础创建一流班组

马钢公司是一家老企业，前身为成立于 1953 年的马鞍山铁厂，现在已经成为特大型钢铁联合企业，占地面积 13.5 平方千米，现有员工 4.3 万人，具备 2 000 万吨钢配套生产规模，形成了钢铁产业、钢铁上下游关联产业和战略性新兴产业三大主导产业协同发展的格局。2017 年，马钢公司粗钢产量 1 971 万吨，资产总额 918 亿元，实现营业收入 796 亿元，利润总额 56.1 亿元。目前，马钢已经形成四大钢铁生产基地，拥有先进的冷热轧薄板、彩涂板、镀锌板、高速线材、高速棒材和车轮轮箍等生产线。

马钢公司所属第一能源总厂本着“抓基层、夯基础、谋发展、促和谐”的整体思路，以“建一流队伍、创一流班组、育一流员工”为目标，从夯实标准化基础工作做起，不断加强班组建设，全厂上下一盘棋，有效地推动了班组建设的快速、稳定、和谐发展。

（1）抓班组基础安全，促进班组安全建设

在生产实践中，该厂领导认识到，企业的安全生产必须从班组抓起，班组是企业安全生产的基础。由此，总厂在开展班组管理过程中首先从班组员工的安全意识入手，改变员工有可能出现的麻痹大意思想。该厂要求每个班组要坚持开好班前会，结合生产作业状况，对照“班前会安全提示要点”，明确施工重点和注意事项，做到安全提醒不落项，及时给上岗职工筑起一道“防火墙”；坚持每周召开一次班组安全警示会，用事故案例警示员工时刻注意安全、珍惜生命；坚持每个工程项目结束后召开安全总结会，对生产管理过程中出现的“三违”现象，人人敢揭短、人人谈危害。持之以恒的安全教育，使员工都养成了“想安全事、说安全话、干安全活”的良好职业习惯。

总厂把科学健全的规章制度作为实现安全生产的保障，把落实安全制度的执行情况作为考核班组及职工的标准，并制定出相关的安全管理条例，将安全要素分解到岗位，各项安全管理责任落实到个人，为安全生产提供了标准和依据。工作中，他们注重发挥班组长、安全员和工会劳动保护检查员的作用，严抓各项安全制度和标准的落实情况，要求职工上标准岗、干标准活儿，进一步增强班组长抓好班组安全工作的主动性和责任感，持之以恒地开展“安康杯”“青安杯”竞赛及“党员身边无事故、党员身边无违章”的“两无”活动，使“三违”现象和习惯性违章得到了有效遏制。

（2）抓安全管理，设置绩效考核关

为了充分发挥班组职工创造效益的积极性，总厂按照岗位责任和工作量的大小，对检修岗位实行分岗位计分式量化管理，对运行维护岗位实施“操作无事故”考核和“千次操作无差错”劳动竞赛，奖优罚劣，真正体现责任、贡献与收入等。同时，他们鼓励班组针对生产中遇到的各类问题建立 QC 攻关小组（质量控制攻关小组），开展小发明、小创造和小改小革及合理化建议等活动，总结提炼先进操作法，持续改进生产工艺，并在总厂进行广泛推广和应用，极大地提高了工作效率。

为了激发班组的工作热情和干劲，总厂相继开展了“达标创优增效”和检修单位的“保工期、保质量、保安全、保效益”及班组建设升级竞赛等形式多样的劳动竞赛活动，以班组为单位，建立劳动竞赛评比机制，加强班组管理的过程考核，对优胜的班组予以相应的物质奖励，并将考核结果作为班组升级竞赛的评比依据，予以冠名标杆、模范、先进和文明四个等级的奖励，极大地激发了每位职工奋勇争先、勇创一流的热情。

（3）抓班组员工培训，人人要过素质关

通过长期有效的培训，总厂不断提升班组的整体战斗力。作为企业发展的最前沿，员工的操作技能尤为重要。为此，总厂以班组为单位，既把班组作为职工学习专业知识的培训基地和“充电器”，又当成职工技能提升的“孵化器”，并结合生产节奏快、学习时间难以保证的实际，坚持“三学”，即班前学、班后学、工余时间学。他们聘请专业技术人员或技师，以案例教学的方式，组织职工进行集中培训；对不在岗位的职工，班组通过开展“一日一题”和“一对一”活动组织职工进行互动学习，并给青年职工压担子、交任务、签订岗位师徒合同，开展“名师带高徒”活动，使青年职工尽快成为岗位技术能手。

为了增强培训的针对性和实效性，各班组坚持训练内容在岗位上查找、技能演练在岗位上进行、学练效果在岗位上体现，积极开展岗位大练兵活动，不断提高职工的岗位技能和操作水平。同时，他们充分发挥制度的激励约束功能，采取将职工考试成绩纳入奖金考核的办法，提高职工学技术、练技能、强本领的自觉性。

抓好班组安全建设，创建一流班组的做法，使马钢公司第一能源总厂的班组建设水平得到了极大提高，为企业实现又好又快发展找准了支点。总厂在全力激活企业“细胞”的同时，不断增强其完成生产经营任务和提高经济效益的能力，使企业的管理水平不断上升，营造了和谐发展的良好局面。

8. 内蒙古一机集团公司狠抓班组现场安全管理

内蒙古一机集团公司始建于1954年，是中国兵器工业集团的骨干企业，也是内蒙古自治区最大的装备制造企业。该公司占地面积20多平方千米，资产总额151亿元，有职工2.3万多人，拥有各类机动设备10 000多台（套），其中具有世界先进水平的进口设备1 000多台（套），具备从冶炼、铸造、锻造、机加、冲压、热处理到整机装配一体化技术，形成一整套综合机械制造系统。

近年来，一机集团公司在倡导“以人为本，珍惜生命”的基础上，积极探索具有一机集团公司特点的安全管理体系，即狠抓车间班组的现场管理，用优化现场管理作为安全生产的出发点和落脚点，让“安全是生产力，健康是大福利”的企业安全理念，悄然成为职工心目中的航标指南。

（1）结合公司具体情况，安全管理重心下移到班组

一机集团公司生产规模大、班组多、人员多，只有按产品、工艺流程分系统，从人、机、料、法、环、信等方面做好每个环节危险源的辨识和风险评价工作，实施全员全方位全过程的动态安全管理，才能为生产经营目标的实现提供有力的保障。为此，公司成立了由技安部门牵头组成的安全检查组，与各单位安全检查相结合，从事后查处向事前预防转变，做到防患于未然。公司两级管理部门认真履行“监督、检查、指导、服务考核”的职责，从根本上消除了不安全因素和隐患。

同时，一机集团公司将安全管理重心下移，公司、车间、班组层层夯实安全生产基础。管理范围由点到面，由粗到细，使操作更规范，标准更量化，管理手段更有力，监控体系、应急预案更全面，实现了安全生产无事故的良好局面。结合企业实际，一机集团公司提出了集团化安全管理，即构建安全生产组织、安全生产责任、安全生产制度、安全生产教育、安全生产技术和安全生产应急救援6个方面的工作体系。一机集团公司构建了二级单位安全生产责任主体，健全完善了“自主管理、自我约束、不断完善、持续改进”的安全管理机制，在20个危险性相对较大和超过300人的生产车间配置了专职安全员，在集团公司生产班组设置了兼职安全员和专职技能人员，纵向建立了“公司—子公司—车间—班组”四级管理层次，横向建立了安全、设备、能源、消防、交通、工具、建筑、职业卫生八大专业的安全管理业务单位，形成了较为严密的相互交叉的安全管理网络长效运行机制。

一机集团公司还积极抓好二级安全教育，对安全管理人员、班组长进行安全技术培训，组织广大职工参加安全知识答卷考试，进一步提高广大干部职工的安全意识，营造出“人人讲安全、人人要安全”的浓厚文化氛围，不仅夯实了生产班组的安全管理基础，而且有效地促进了公司生产经营工作的顺利进行。

(2) 开展班组安全文化建设，突出本质安全

班组安全文化建设的目的，是夯实企业发展“三基”，保持长治久安的安全生产良好局面。因此，建设符合企业自身特点、科学有效的安全运行体系，就必须把安全工作重点放在现场和班组，使班组安全文化建设沿着系统化、规范化、人性化的轨道健康发展。

广泛开展班组安全文化建设，突出本质安全，一机集团公司长期将“安全红线”作为企业发展的生命线、高压线和责任线。结合企业生产实际，一机集团公司编制了《安全生产标准化创建工作的意见》和《安全生产标准化班组创建标准》，塑造“想安全、会安全、能安全”的安全体系网络，建立起岗位有职责、作业有程序、操作有标准、过程有记录、绩效有考核、改进有保障的集团化本质安全型班组平台，有效促进生产流程中人、物、系统、制度等要素始终处于受控状态，进而实现本质型、恒久型安全目标，使安全管理水平得到了稳步提升。

坚持“一把手抓”，是班组建设领导主体、推进主体监督责任，纵向引擎实行主管部门牵头、专业部门管业务必须管安全，相关业务部门在各自主管的业务范围内，认真履行安全保障体系职责，建立起一套程序化、规范化、系统化、现代化、常态化的安全管理机制，对安全工作实施专业监管和动态跟踪，并将管理触角延伸到企业的每一个角落，以此调动全员管安全、查安全、保安全的主动性和自觉性，实现管理重心下移，实现“我会安全，我要安全”，杜绝了靠经验管

理、弹性管理的现象，使安全标准化安全管理模式步入“以制度管人、以制度约束人、以制度规范人”的轨道，在公司上下形成“一级抓一级、一级包一级、逐级抓到底”的责任落实体系，重要的是使班组安全建设沿着系统化、规范化、人性化的轨道健康发展，筑起一道无形的防线，实现了真正的安全管理落地生根平稳高效运行。

结合班组创建目标和任务、班组的基础实际，共同建立班组的团队愿景，使建立愿景的过程成为将个人目标与班组目标有机结合的过程。为此，一机集团公司搭建了学习平台，通过征集学习理念、学习箴言，建立学习制度，营造学习氛围，拓展学习内容，丰富学习形式，形成“比、学、赶、帮、超”的局面。一机集团公司同时搭建了创新平台。班组开展“四改善”“金点子”合理化建议和技术进步、工艺进步、技术创新等活动，鼓励班组成员敢于向传统做法挑战，主动提出新思路、新做法，不断推动班组各项工作持续改进、持续提高。一机集团公司还搭建了自主管理平台。通过开展班组自主管理，实现“五好一准确”班组从“要我抓”到“我要抓”的转变，充分发挥班组“大员”和骨干的带头作用，做到事事有人管、人人都管事。此外，一机集团公司还搭建了共享平台。通过每年召开的“五好一准确”班组经验交流学习推进会、班组长座谈会、现场交流会、优秀班组长讲座，发现和推广典型，相互学习交流，实现经验共享。

一机集团公司还把“查隐患、查违章”与日常安全检查相结合，定期开展班组安全性评价，全员查安全、全员保安全，彻查身边事故隐患，制订隐患排查治理计划，制定安全检查综合治理建档、及时上报、跟踪整改、定期复查制度和推行事故隐患举报奖励制度。对较大事故隐患挂牌督办，开展“回头看”，确保整改落实到位，加强劳动保护监督与职工代表巡视，定期组织开展劳动保护和职业卫生检查，督促加强班组生产生活设施、安全工器具、仪表和劳动防护用品的配备，确保后勤服务能力和安全保障能力。

（3）实施人性化管理，形成班组和员工的凝聚力

“健康是大福利”，是企业文化的核心内容。为此，一机集团公司建立了职业安全健康管理体系，以提高公司安全管理水平，有效地预防事故的发生，不仅提高了效益，减少了损失，还有效地保障了职工的身心健康。

在安全文化建设中，工会围绕安全生产积极开展劳动竞赛和安全互保等活动。通过班组自主式安全评价，班组间相互排查，发现问题并及时解决。技安部门定期下发安全生产简报，并充分利用广播、报纸、电视等宣传阵地，提高职工的安全责任感。一机集团公司以安全警句、安全演讲等形式，开辟安全漫画长廊，开展“规范职工行为，评选安全标兵技术能手”等活动，为企业营造了一个健康有序的安全生产文化氛围。一机集团公司对公司现有的 9 个一级危险源、36 个二级危险点、55 个三级危险点，进一步明确各级危险点的日常管理职责和定员、定量要求，按时对各级危险点储量、使用量、存放时间、通风状况进行严格的检查和监督，避免了重大事故的发生，有效地把安全生产与企业文化有机结合，为生产经营起到了保驾护航的作用。

一机集团公司还从细节入手，做到以情感人，以情动人。结合“安全生产月”和“安康杯”竞赛等安全宣传教育活动，为广大职工营造了“人人关心健康，人人关爱生命”的良好氛围，使安全管理经常化、制度化、科学化、规范化。此外，一机集团公司进一步加大了对一线职工健康的保护力度，特别是对有毒有害作业的工人每年进行体检，每逢夏季按时发放防暑用品，保障了职工的身心健康不受损害。

 9. 山西汾西矿业集团公司制定加强班组建设方案

山西汾西矿业集团公司是山西焦煤集团所属的五大煤炭子公司之一。其前身汾西矿务局，成立于1956年，2000年8月改制为国有独资的山西汾西矿业（集团）有限责任公司，2001年10月加入山西焦煤集团公司，2005年12月重组为山西汾西矿业（集团）有限责任公司，2013年8月完成新的登记注册工作。山西汾西矿业集团公司现拥有生产矿井10座，核定煤炭产能3 030万吨/年，有子公司40个，分公司29个，在册职工总数48 577人。

近年来，山西汾西矿业集团公司为了加强班组安全建设，推进精细化管理，以落实岗位责任制为核心，以不断提升职工队伍素质和班组管理水平为重点，培育大批优秀班组长，夯实矿井基层基础管理，提升企业核心竞争力，制定出加强班组建设的实施方案。

（1）加强班组建设的主要内容

1）班组组织建设。山西汾西矿业集团公司根据生产（工作）需要，坚持人力资源合理配置、精干高效的原则，科学合理设置班组。建立健全以岗位责任制为主要内容的生产管理、安全环保与职业健康管理、劳动管理、质量管理、设备管理、成本管理、5S管理（整理、整顿、清扫、清洁和自律）、操作规程管理、学习培训与思想教育管理等班组标准化作业和管理制度。完善和加强信息记录、标准规范、定额计量及职工行为养成等基础工作。加强班组基本设施建设，加大资源保障力度，努力改善员工工作、学习和休息条件，适时推进班组信息化建设，不断提高班组现代科学管理水平。

2）班组安全建设。坚持以人为本，关爱员工生命，结合岗位的特点，大力开展班组健康、安全、环保宣传教育活动，增强员工的健康、安全、环保意识。严格班组安全生产定员管理，严格控制作业人

数，严禁超定员生产，严禁班组交叉平行作业。认真落实班组作业现场安全生产主体责任和职工岗位安全生产主体责任，做到班组长不违章指挥、班组成员不违章作业、所有人员不违反劳动纪律，从源头上预防安全事故发生。推进班组安全生产风险预控管理。严格执行各项规章制度和操作规程。落实相关应急预案，开展应急预案的培训和演练，加强对危险源、污染源的控制。完善班组安全生产目标控制考核激励约束机制，将安全指标作为推优评先、绩效工资分配的“一票否决”指标。

3）班组生产建设。煤矿井下班组长是煤矿安全生产的重要队伍，是安全生产的重要保证，是贯彻落实煤矿“三大规程”以及煤矿安全生产规章制度的直接组织者和执行者。班组长是联系管理层和一线工人的桥梁和纽带，作用十分重要。加强煤矿骨干队伍建设，完善以班组长为核心的生产指挥、组织协调、岗位协作等职能，强化班组生产目标管理，细化量化工作任务，实行精细化管理，增强班组生产管理的计划性、可控性。围绕生产任务，广泛开展多种形式的劳动竞赛。大力推行成本理念践行活动。建立健全以岗位责任制为主要内容的各项班组管理制度，不断提高班组管理水平。

4）班组技能建设。以培养高素质、高技能、适应性强的职工队伍为目标，通过开展岗位培训、练兵比武、开办“夜校”、读书自学等活动，激发职工的学习热情，全面提升职工的技能水平、服务水平、协作能力和自主创新能力。把组织职工技能学习作为班组建设的重要内容，建立攻关团队、创新小组、技术骨干学习工作室等。完善对班组创新成果奖励机制，积极开展提合理化建议、技术革新、发明创造、“五小”（小改进、小发明、小设计、小建议、小革新）等活动。充分利用班前会和周五安全例会学习的平台，把员工个体学习和组织团队学习结合起来，使班前会和周五安全例会成为员工技术交流的“小讲台”、传递知识的“小课堂”、解决技术业务难题的“诸葛亮会”、技术练兵的“演武场”，及时推广应用先进的管理法、操作法。

5）班组文化建设。完善以弘扬改革创新精神、培育个人愿景、加强感恩教育和提升执行能力为主要内容的班组文化建设，制定和完善职工行为规范。要以企业愿景为平台，把职工的个人愿景融入团队的使命中，培育职工共同价值理念和团队意识，建立班组良好的沟通渠道与沟通平台，构建和睦的人际关系，加强班组间的协作配合，努力把班组建设成为一支精干高效的团队。加强班组安全培训和文化建设，培育职工安全生产价值观。大力推行“手指口述、岗位描述”“安全手语”，提高职工应知应会能力，增强职工的综合素质，努力使班组形成一种积极向上、风清气正、团结和谐、爱岗敬业的班组文化氛围，为安全生产奠定基础。

6）班组民主建设。坚持用科学发展观武装职工头脑，加强职工思想政治教育、遵纪守法教育及企业精神教育。班组民主建设要紧紧围绕完成企业生产经营任务、提高经济效益等中心工作。尊重职工的主人翁地位，坚持和完善班务公开、班组民主生活会等民主管理形式，保障职工享有对企业改革发展、班组生产目标任务和各项规章制度的知情权、参与权，保障职工对班组工资奖金、先进评选等事项的参与权、监督权以及平等享有教育、培训、职业健康等权利。

（2）班组长的主要职责

1）安全管理职责。班组长是班组安全第一责任人，其安全管理职责主要有：贯彻“安全第一、预防为主、综合治理”的方针，落实各项管理制度，执行现场安全管理及技术措施，推进安全文化建设，健全班组安全生产责任，建立安全奖惩激励约束机制，强化班组安全教育培训，开展安全质量标准化，加强现场安全管理和隐患排查治理，严格处理事故隐患及事故追究，抓好全员、全过程、全方位的动态安全生产现场组织管理，严把安全生产第一道关口，确保实现安全生产。

2）生产管理职责。细化分解班组生产任务，做到天天有计划，班班有目标。科学安排劳动组织，合理配置生产要素。搞好现场精细化管理，狠抓节支降耗，提高生产和工作效率。认真组织开好班前会，使它成为了解队伍状况，安排布置工作，进行信息交流，发表意见建议，掌握安全知识技能，集中精力、振奋精神的“加油站”。

3）质量管理职责。加强质量标准化建设，抓好全面质量管理，组织开展群众性质量管理活动，保持质量管理体系有效运行和持续改进，全面提高产品、工程、服务和工作质量水平。

4）团队建设职责。做好思想政治工作和民主管理工作，了解并帮助职工解决困难。组织开展群众性技术革新活动，抓好以岗位为核心的职工教育培训。健全班组对个人的绩效考评分配机制，加强制度建设，不断提高班组的管理水平和技术水平。

（3）班组长的素质要求

1）有较高的政治觉悟。班组长要严格要求自己，坚持原则，敢于管理，办事公道。

2）有较高的文化素质。班组长应掌握适应岗位需要所必备的现代化科学知识。

3）有较高的专业技术水平。班组长应具有丰富的生产实践经验和熟练的专业技能。

4）具有较高的管理才能。班组长应掌握一定的班组管理方式和方法，能带领班组安全地完成工作任务。

5）班组长应有协调能力，善于团结同志，关心班组员工合理需求，受到大多数班组成员的拥护和支持。

6）班组长应能牢固树立“安全第一”思想，以人为本，确保安全生产。

（4）班组长的任职条件

1）具备高中、职高、中专、技校及以上文化程度，高级工以上技能等级。现任班组长中不具备以上条件者，需在3年之内达到以上条件。

2）相关工种3年以上工作经历，安全培训、岗位培训合格，无安全生产违章记录。

3）身体健康，具有一定的工作经验、工作技能，安全意识强，具有一定的管理水平和分析问题、解决问题的能力，有一定的组织能力。

4）思想政治素质好、责任意识强，具有良好的职业道德，有较好的群众基础。

（5）班组长的选聘程序

区队长（车间主任）推荐→班组职工民主选举→区队党支部审查→聘任→调度、安监及劳资部门备案。

副班组长由正班组长提名，经区队（车间）研究同意后，在各矿（厂、处、公司）班组管理部门登记备案。

（6）班组长解聘程序

区队（车间）、安监部门提出→班组管理部门审核→调度、安监及劳资部门备案。

（7）班组长的主要权力

1）安全管理权。班组长有安全生产决策权和组织指挥权，有权检查职工安全作业情况、制止和处理职工违章作业、抵制上级违章指挥，有权对作业现场工程质量、岗位工作质量进行安全评估、验收。在事故隐患没有排除或不具备安全生产条件，且自身无能力解决时，班组长有权拒绝开工或停止生产。

2）生产组织权。生产组织权是指班组长有权确定目标，制订计划，分配任务，合理调配本班组劳动组织、人员、设备、材料等，带领本班组全体人员完成好作业计划，现场指挥协调，检查工作情况，调整工作部署。

3）考核分配权。班组长有权按照“按劳分配”原则和本队工资奖金分配方案及上级规定，对班组成员的工作绩效设定考核标准，核算指标完成情况，检验工作成果，对本班组职工工资进行公平、公开、公正分配。

4）学习培训权。班组长享有定期接受培训、复训的权力，有权根据安全生产实际需要和职工个人的劳动熟练程度，对本班组职工进行长期和反复的培训、轮训，对技术比武活动进行合理安排。

5）其他权力。班组长有制定班组工作的具体办法和实施细则等管理制度，向上级提出合理化建议的权力；推荐或选拔班组副职及生产骨干的权力；推荐本班组优秀职工参加上级组织的先进评选、疗养、学习深造等权力。

（8）班组长的培养与使用

所属各单位应科学制定班组长岗位任职资格和岗位规范，建立班组长培养、选拔、使用、评价等机制，做好班组长职业生涯设计，促进班组长成长。定期召开班组长座谈会，建立领导干部与班组长之间，以及班组长与班组长之间的沟通交流制度。注重把业绩突出的班组长选拔到区队（车间）管理干部岗位上来。新分配的大中专毕业生须到基层班组锻炼，鼓励大中专毕业生竞聘担任基层班组长。选拔基层区队（车间）管理干部应在“优秀班组长”“明星班组长”“示范班组长”中择优聘用。实行班组长选聘制，原则上聘期为 1 年，工作业绩显著者可以连任，不胜任者依据有关规定和程序随时解聘。

(9) 班组长的培训

以煤矿现场安全和劳动组织管理为主题，以采煤、掘进、通风、机电、运输等工种班组长安全培训教学大纲为基础，各矿井可根据本单位实际特点，增加瓦斯抽采、探放水、防灭火工种班组长的培训。对于其他生产单位班组长培训，可根据行业特点，制定培训内容和教学大纲。结合煤矿安全生产实际，科学、合理地确定培训内容，尤其注重管理知识、管理方法的培训，使班组管理逐步由经验管理向科学管理转变。对于班组长的培训，应按照煤矿安全生产管理人员（C类）培训管理，培训、考核、发证由山西汾西矿业集团公司统一组织，培训机构由三级（含三级）以上培训机构承担，培训合格的班组长统一发放安全合格证书，证书有效期三年，到期复训换证。鉴于班组长的工作特点，可以组织多种方式培训，班组长可以集中到培训中心培训，也可以由培训中心服务到矿。但是教学管理必须是三级（含三级）以上的培训机构承担，并按国家已颁布的培训大纲执行。要保证班组长能完成规定内容的培训，提高班组长的综合素质。有计划地组织班组长外出学习，开展与国内外知名企业对口交流，学习班组的先进经验与管理理念。

(10) 班组长考核、激励和约束机制

1) 健全班组考核激励机制。按照效率和公平并重原则，合理设置安全、质量、生产任务等考核内容，科学设立绩效考核指标体系，改进完善绩效考核方法和分配机制。班组内部要建立规范、公正、透明的职工个人绩效考核分配方法，要加强检查、监督、指导，确保各项激励约束制度的公开、公正、公平，努力营造班组积极向上的氛围。要建立班组当班考核，区队（车间）月度考核，矿（厂、公司）季度考核，集团公司年度考核体系。在绩效考核的基础上，区队（车间）每月评出“优胜班组”和“优胜班组长”，矿（厂、公司）

每季评出“优秀班组”和“优秀班组长”，集团公司每年评出“明星班组”和“明星班组长”，并选出“十佳班组”和“十佳班组长”。连续3年荣获矿（厂、公司）级“优秀班组”“优秀班组长”，或3年内累计2次荣获集团公司“明星班组”和“明星班组长”的，山西汾西矿业集团公司直接授予“示范班组”和“示范班组长”称号。集团公司班组建设领导组，每半年组织有关处室对班组建设工作进行考核检查，重点考核各单位评出的优秀班组和优秀班组长，并进行排名排队。根据排名情况，集团公司每半年奖励50个优秀班组和50名优秀班组长。井下占60%，地面占40%，井下班组奖励10 000元，地面班组奖励6 000元；井下班组长奖励1 000元，地面班组长奖励600元。全年针对班组建设工作进行总结表彰奖励，对获得集团公司级“明星班组”和“明星班组长”称号的分别奖励50 000元和5 000元。对于集团公司“十佳班组”和“十佳班组长”，给予一定的物质和精神奖励。

2）健全班组长激励机制。各矿应结合各自实际，科学合理制定工资分配政策，切实提高班组长的政治、经济待遇。对做出突出贡献的班组长，要给予经济上、精神上、政治上的综合激励。被评为“优秀班组长”“明星班组长”“十佳班组长”“示范班组长”的，除依据有关规定和程序择优聘干外，还要重点培养发展入党，优先安排外出疗（休）养、考察学习等，有条件的还可送到高等院校培养深造。井下农民工班组长当年荣获“明星班组长”“十佳班组长”称号的，可按相关规定给予转正。荣获山西汾西矿业集团公司“示范班组长”的，直接授予集团公司劳动模范。2次以上被评为“示范班组长”的，可推荐为山西汾西矿业集团公司级以上先进个人。

3）健全班组长约束机制。加强对班组长的考核管理，对出现失职、违纪或严重违章指挥等行为的，要按有关规定给予严肃处理。对工作不胜任、不称职的，及时解聘和调整。

 10. 湖北江山重工集团公司通过“四抓”释放班组能量

湖北江山重工集团公司是我国重要的军工和民用机电产品研制和生产基地，成立40多年来，为国防建设和国民经济建设做出了重要贡献。公司总部位于湖北省襄阳市，在襄阳市建有以国家级研发中心、技术中心为主体的江山科技园和以大型成套机电设备装配调试基地为主体的产业园，在老河口市建有集铸造、锻造、冲压、铆焊、大中小件机加工和热处理、表面处理等强大综合能力的零部件加工基地，初步形成了以专用汽车、数控机床等整机产品和液压组件、汽车变速箱等核心总成为主的产品框架。

近年来，江山重工集团公司将班组建设作为规范企业基础、促进企业和谐发展、提升企业核心竞争力的一项重要工作常抓不懈，坚持“四抓”，认真组织开展班组系列安全活动，不仅促进了企业整体安全，同时还形成了独具特色的班组建设管理模式，提升了班组的自主管理水平，使班组释放出“大能量”。

（1）坚持四抓，促进班组工作上台阶

班组是公司的基石、效益的源泉、和谐的保障，班组建设不好，就谈不上建设好公司；班组建设不好，就谈不上发展好事业。在班组安全管理上，江山重工集团公司坚持“四抓”，以此来凝聚人气，稳定生产，促进班组工作上台阶。

1）抓党建，促党员示范引领。江山重工集团公司充分发挥基层党组织的战斗堡垒作用和党员的先锋模范带头作用，把党员培养成骨干，把骨干发展成党员，确保公司没有一个无党员班组，实现了党员在班组建设中的全覆盖。江山重工集团公司积极开展“党员创新工

程”活动，各班组党员结合岗位职责和合理化建议活动，以解决生产中的难点或窄口为重点，立足岗位创新工作，持续改善，促进公司技术创新、管理创新、降本增效，充分发挥了党员在班组建设中的先锋模范作用。2017 年，江山重工集团公司共完成“党员创新工程”143 项，实现节约创收价值 860 多万元。

2）抓基础，促管理水平提升。江山重工集团公司印发了《班组建设指导意见》《“五好一准确”班组实施方案》《班组效绩管理考核办法》，明确了班组建设的组织领导、建设目标以及日常管理等工作内容、流程等内容，建立了班组量化考核评分体系；编印了《班组管理手册》和《“两长三员”班组建设 100 问》口袋书，进一步提高了班组建设的指导性和实操性，实现了班组工作内容指标化、工作要求标准化、工作步骤程序化、工作考核数据化、工作管理系统化的“五化”目标。

3）抓培养，促职工成长成才。江山重工集团公司畅通职业发展通道，推进高技能人才与技术人员相互流动，加强技能大师工作室建设，发挥高技能人才的创新引领作用。近三年来，4 个工作室技术创新及提合理化建议共节约、创造价值近千万元，培养高技能人才 63 名，其中 34 名取得技师、高级技师职业资格。江山重工集团公司推行岗位轮换，让所有操作工都能操作两台以上的设备，有三分之二操作工能操作半数以上的设备，多种系统的使用、计算机应用的普及让大家成为复合型技能人才；开展大学生进班组工作，培养和锻炼了一批懂技术、懂管理、懂业务的年轻人才。

4）抓竞赛，促生产经营发展。结合重点工作，围绕管理瓶颈、技术难点、生产窄口，江山重工集团公司积极开展“五好一准确达标创建活动”“班组安全达标劳动竞赛活动”“质量信得过班组达标竞赛活动”“合理化建议活动”“践行新理念、建功十三五”和“大干四季度，决战100天”劳动竞赛等活动，把班组建设积极融入公司生产经营实际工作中，并与劳动竞赛、合理化建议等活动结合起来，不断推动班组基础管理规范化、程序化、标准化。2017年，公司“合理化建议”活动共征集有效提案6 582条，采纳率85%，实施率82%，节创价值达到800万元以上。公司共打造了3个全国质量信得过班组、5个标杆班组，累计评比出105个优秀集体。

（2）开展班组系列安全活动，促进班组安全基础管理

湖北江山重工集团紧密围绕“生命至上，安全发展”的“安全生产月”活动主题，开展了班组系列安全活动，促进了班组的安全基础管理，收到了良好效果。

1）坚持班前“讲安全”。没有规矩，不成方圆。每天的早班会，班组的全体员工都排着整齐的队伍，进行安全教育。班组长首先发言，“今天学习了危险因素辨识，我们在日常工作中有些习惯性违章，比如看手机、脱岗、串岗聊天现象，大家有什么感想？”员工纷纷发言，表示以后将杜绝此类现象的发生。“这个危害太大了，这可关系到自己的生命安全呀！”每天的这种讨论式安全教育让员工切实领悟到安全的重要性，并在工作中约束自己的言行。

2）坚持日常“记安全”。为巩固所学知识，班组长将安全问题做成小纸条，随机抽查班组员工，对回答正确的员工进行奖励，对回答错误的员工进行安全教育。特别是在日常巡检中，员工违反了安全法规，则要在全班成员面前完整背诵安全法规，并做出深刻检查。班组全体成员举手表决，如果能通过就上岗，否则就要待岗学习。

3）坚持班中“查安全”。班组长同时发挥单元长和安全员的日常安全管理作用，加强班组安全巡检，对发现的安全问题或者隐患及时进行纠正和处理。在工作中员工还会经常相互监督：“你用角磨机没戴护目镜，沙子飞进眼睛里怎么办？”“你的衣服没有按‘三紧’

穿戴。”通过巡检和相互监督，隐患被消灭在萌芽状态，保障了班组安全生产无事故。

4）坚持班后“总结安全”。各班组每周进行安全总结，认真总结本班次中发生的安全问题或存在的事故隐患，并填写交接班记录，对设备运行状态进行如实记载，并对加工中需要注意并且容易发生的事故进行预防。

这种全面扎实的班组安全管理，营造了浓浓的班组安全氛围，有效保障了班组生产安全和员工人身安全。

11. 塔里木油田公司加强班组现场安全管理

塔里木油田公司是中国石油天然气股份有限公司的地区公司，集油气勘探开发、炼油化工、油气销售、科技研发等业务为一体。公司总部位于新疆库尔勒市，油田作业区域遍及塔里木盆地周边南疆五地州二十多个县市，现有员工1.19万人。

近年来，塔里木油田公司加强基层班组建设，规范现场安全管理，认真做好班组长的选拔、培训，促进班组安全管理水平的提高，从而确保企业安全稳定，预防和控制事故发生。

(1) 加强班组安全管理，建立有效运行机制

班组是安全生产的基础，加强班组建设是强化安全管理的关键，也是预防和减少各类事故最有效的措施。

1）不断完善规章制度。搞好班组现场安全生产，监督检查与考核办法需要根据新情况及时修改以便切实可行。各单位要根据《中华人民共和国安全生产法》，修订本单位的各项安全生产规章制度。

2）做好职工的思想教育工作。抓安全管理工作必须严格，并要认真坚持做好，管理得严格与否直接影响到职工的安全意识。要增强

职工的安全意识，仅靠灌输式的安全教育是不够的，必须要营造一种“警钟长鸣”式的氛围。首先，在车间建立严密的安全网络，确定班组安全第一责任人，执行安全风险抵押金制度，人人都交安全风险抵押金。其次，车间与班组、班组与个人层层签订安全责任状，各司其职。管理严格了，职工思想上才有紧迫感、压力感，对安全意识不强的职工，其约束效果特别好。如果管理松懈，职工就会产生松口气的想法，安全意识就会随之减弱，所以在管事的同时必须管人。只有做好职工的思想教育工作，才能使职工保持工作热情，才能统一思想、行动一致，才能使职工在工作时心情舒畅，消除人的不安全因素，从而提高工作效率。

3）造就企业安全生产的骨干队伍。要想造就一支一线的骨干队伍，首先要重视生产现场安全第一责任者——班组长的培养和选拔，还需要重视生产班组专兼职安全员网络队伍的培养和形成。其次要善于发现、大胆选拔有事业心和责任感以及威信高的安全骨干，培养他们处理问题和协调关系的能力，提高他们的技术业务水平。通过岗位培训、集中培训、工作研讨会、参观学习等办法提高班组长和安全员的素质。企业造就这两支生产现场的骨干队伍，在现场起保证执行系统运行的作用，构筑起安全生产的第一道防线。

4）加强班组安全文化建设。安全文化建设是班组建设的重要内容，塔里木油田公司坚持以人为本，开展多种内容的教育培训，使每一个班组成员深刻认识安全文化的内涵，并加以实践。班组文化建设的一个重要内容，是坚持严、细、实的工作作风，班组成员要互相关心、互相帮助、团结一致。安全工作是一项比较复杂的系统工程，要做好这项工作，必须提高班组成员的整体素质，加强学习，不断提高自我保护意识，在制止习惯性违章方面下大力气。

（2）严格安全考核，抓住安全管理的关键

1）开好班前、班后会。在班前会上，各班组要根据当日的工作任务提出安全注意事项；在班后会上，应对当日班组管理的安全情况做出小结。坚持天天召开“两个会”，坚持天天敲打安全警钟。“落实三个不”，即落实“不伤害自己、不伤害别人、不被他人伤害”的措施。班组长在施工操作的准备阶段或者分配生产任务时，必须检查工器具是否完好，安全组织措施、技术措施是否齐全完整，作业人员身体素质、精神状态是否能胜任工作。此外，当交叉作业时，上下左右要相互提醒，时刻绷紧安全这根弦。

2）加强考核手段。以“宁听骂声，不听哭声”的原则，严厉查处考核违章行为。对于可查处可不查处的坚决予以查处，对于可考核可不考核的坚决予以考核。对有些违章事件还应坚持“上挂下联”的原则，上至车间主任，下至班组成员，一视同仁。对违章行为，要加强考核力度，要考核得违章者心痛。

3）严格执行“违章就下岗”制度。只要违章违规，无论是否造成后果，当事人都要下岗学习，等学习好重视安全后，再重新上岗。目的就是向职工敲警钟，促使职工增强安全意识。

（3）规范班组现场安全管理，提高职工安全素质

班组是企业的细胞，是企业最基层的生产组织和管理组织。案例分析表明，90%以上的事故发生在班组，规范班组现场管理势在必行。

1）班组安全教育做到“三坚持”。一是坚持安全教育责任制，明确班组长为班组安全生产第一负责人，首先负责班组安全教育工作。二是坚持安全教育科学化，班组安全教育要结合班组的实际，采取科学的方法，注重“三个结合”，即学习内容与典型事故案例相结合，日常学习与阶段性教育相结合，规章制度学习与班组创优达标相结合。三是坚持安全教育经常化、现场化，要时时、事事地进行，边

工作边进行。

2）班组安全检查注意四个方面：一是查设备，长期运行的设备容易出问题，运行中出现过异常的设备是检查的重点。二是查操作，检查职工在操作时是否正确使用劳动防护用品，是否按规定进行操作。三是查记录，检查时既要查记录本身的问题，如查记录的规范程度及准确程度，还要通过记录分析运行情况，找出安全问题所在。四是查环境，查安全通道是否畅通，查原材料和工器具是否定置摆放。

3）注重文明生产，现场管理标准化。一是对生产现场的设备、产品、原材料、工器具实行定置管理。生产原料、配件必须按生产流程堆码整齐，做到物流有序，生产场地整洁，确保安全通道畅通，这是实现班组安全生产的重要前提。二是制定严格的岗位生产纪律。班组成员要按时上班，工作期间不脱岗、不串岗、不干与生产无关的事；要服从命令听指挥；要精心操作控制工艺参数；要针对生产中出现的异常现象及时汇报，正确处理。三是严格执行工作完毕“六不走”。下班后不切断电源不走，工作环境不清扫干净不走，设备不擦净不走，工具、材料不码齐不走，交接班和原始记录不填写好不走，工具、量具等工器具不清点好不走。

加强班组现场安全管理，是企业安全生产工作的重中之重，摒弃“安全工作讲起来重要，做起来次要，忙起来不要”的错误做法。只有坚持长期不懈地抓好班组现场安全管理工作，才能为企业安全生产奠定坚实的基础。

12. 山西晋西车轴公司激发班组活力凝聚发展动力

山西晋西车轴股份有限公司是一家以轨道交通装备为主业的上市公司，公司总部位于太原市，总资产 38 亿元，占地面积 70 余万平方米，员工1 800余人。晋西车轴公司主要从事铁路车辆、车轴、轮对、摇枕侧架、转向架等产品的生产销售及自营进出口业务，并在精密锻造和非标制造等方面具备较强的技术和装备实力，拥有敞车、漏斗车、平车、罐车、棚车五大系列13种铁路车辆的生产制造能力，自主设计研制的铁路车辆实现了整车出口。

近年来，晋西车轴公司创新思路，通过加强班组建设、激发班组活力，有效促进了精益管理工作的落地，助力公司更好、更快发展。

(1) 提高班组管理水平，筑牢班组管理基石

推行标准化班组建设，提高班组管理水平，是提升班组整体战斗力的有效手段。晋西车轴公司从班组标准化做起，全面提升一线班组的管理能力。

晋西车轴公司按照集团公司班组建设工作总体思路，结合企业和班组实际情况，投入资金、人力，从改善办公环境着手，对老旧班组硬件设施进行综合治理，制定完善了《班组标准化管理办法》，明确了指导思想、目标任务和具体要求，将标准化管理落实到每道工序、每个岗位、每台设备、每个工作区域和每位员工。按照技术管理所含项目分门别类，晋西车辆公司对员工更衣室、工作区、工具柜等精心规划，设计张贴标识，整齐放置，实现定置管理。

为落实管理责任，晋西车轴公司对班组成员进行责任划分，制定工作标准和实施细则，员工各司其职，对所负责的生产现场、设备巡检巡视、缺陷管理、档案资料记录等工作进行划分，明确各类资料由专人收集、专人管理，并将所有资料纸质记录及电子记录存档，实现班组资料信息化管理，提高了班组管理水平。

(2) 借力创新平台，激活班组增效细胞

班组作为一个全年生产异常紧张的生产单元，需要积极开拓思路，在技术管理、质量控制和目视化管理、人员培训、资料和作业指

导书管理、设备台账管理、技能管理、异常管控等方面主动接受新思想，探求新思路，发掘新方法，大胆创新、勇于超越，借力创新平台提升班组提质增效能力。

在晋西车轴公司各班组的班组园地中，有一块醒目的区域，上面标明班组每个成员的技能掌握情况，看板以目视化的管理方式，清晰展示各工序、各班组员工应掌握的技能，班组可根据看板内容编制岗位练兵技能要求标准，班组每周组织成员进行专业知识讲解，促进员工努力提高自身职业素质、技能水平，形成人人学习、自觉学习的良好氛围。

为提高设备可靠性，达到报修质量闭环管理，晋西车轴公司班组创新设备检修管理模式，编制了“检修质量跟踪卡”，从工作准备到工作实施，直至运行生产，实行全过程监督，确保修后设备全部一次启动成功，运行中不出现任何因检修质量问题造成的不稳定因素。在设备检修中，班组制定详尽的检修方案，严格执行标准作业指导书，建立以维修人员为首、班组成员为辅的相互监督和提醒机制，确保设备检修过程始终保持可靠、安全，并达到了预定的安全质量目标，确保设备正常稳定运行。

（3）注重班组人才队伍建设，夯实班组人才基础

培育人才，是班组建设的重要环节，也是精益管理工作的重要落脚点。为此，晋西车轴公司高度注重基层班组人才队伍建设，通过建立健全机制，营造开拓创新的氛围，激发干事创业的激情，使班组成为培养人才的基地和摇篮。

在人才培育中，公司突出和发挥班组长职能，强化班组长对班组建设的核心作用，将班组长作为基层班组的领头羊，通过班组长培训、业务交流等方式，加强班组长业务本领和班组建设知识学习，促使班组长开阔眼界和思路，深入认识角色定位，增强团队意识，提高

工作能力，提升班组长业务技能和综合素质，有效提高班组的“造血”功能。

同时，公司高度重视班组员工培训方式的灵活性。首先，采取集中学习、专题讲座、业务辅导、OPL（单点课程）教育等多种形式，重点学习本岗位业务知识，如班组建设、安全体系、质量管理、精益管理、设备管理等内容。其次，结合理论或业务知识的学习，开展制度知识考核，以此作为督促检查员工学习成效的手段，提高员工对公司各项制度的掌握水平。另外，晋西车轴公司深入开展合理化建议收集活动，根据工作改革创新的需要和面临的重点难点问题，每月收集合理化建议，对切实可行的合理化建议积极落实，对发现存在的不足和问题，厘清工作思路，改进工作方法，制定整改措施。通过技能培训、安全活动、各级比武活动等途径，晋西车轴公司为员工搭建了学习平台，有效激发了员工内在潜力和学习热情，使班组员工技术水平、业务素质不断提高，为公司更好发展提供了强有力的人才支撑。

（4）以班前会为抓手，营造班组和谐氛围

一个班组在文化管理方面好不好，直接关系到班组内部有没有凝聚力和向心力。为此，晋西车轴公司以班前会为抓手，将“不找借口、立即行动、面向市场、争创一流”的工作理念与班组文化充分融合，促使工作理念落地班组、深植班组。

晋西车轴公司精心打造文化墙，在各车间办公室区域、楼道等地，分别设立了多种文化墙，这些由质量案例、现场案例、班组口号等组合的文化墙展示了车轴精神，凝聚了员工心气。同时，晋西车轴公司利用休息日、节假日组织班组员工健步走、篮球赛、趣味运动会等比赛活动，营造和谐的班组氛围，有效提升了班组凝聚力和战斗力。

晋西车轴公司在新时期、新形势下，通过持续深入推进班组建设，充分凝聚基层班组和员工的正能量，不仅使精益管理工作得到有效落地，同时促使班组为企业健康发展提供不竭动力。

13. 山东大陆机械公司大力开展创建和谐班组活动

山东大陆机械公司隶属兖矿集团，前身为兖州煤矿机械厂，2002年整体改制，并随着规模不断扩大，综合实力逐渐增强。厂区占地面积52万平方米，拥有各类设备千余台，其中精、大、稀设备60余台，生产制造能力1.6万吨/年，职工总人数2 300余人，下设11个生产车间、196个班组，设有铸造、锻造、机械加工、数控加工、铆焊、链条、总装、工具与设备、电器等生产车间和济东、三方等分公司。

近年来，大陆机械公司注重班组建设，大力开展创建和谐班组活动，企业基础管理工作得到加强，企业生产经营与职工精神面貌发生了显著变化。

(1) 对班组长提出“五心”“三先”的要求

班组长是最基层的管理者，起着承上启下的作用。班组长如果素质不高、工作方法不当、不能发挥表率作用，就很难赢得职工的理解和支持，也很难正常开展班组工作。为此，大陆机械公司对班组长提出了“五心”“三先”的要求，并通过教育培训和监督考评，逐步将这些要求转化成他们抓好班组工作的行动指南。班组长在实际工作中，自觉以“五心”“三先”作为行动的标准，赢得了职工更多的信任和支持，营造了班组工作相互沟通、相互尊重、相互帮助的和谐气氛。

1) “五心”。一是对待工作有热心。班组长不能见到荣誉就动心，遇到挫折就灰心，碰到表扬就欢心，受到批评就离心。二是思想工作有耐心。班组长对待工作不能简单粗暴，知难而退，以权压人，生搬硬套。三是对待职工有诚心。班组长应该做到组员有困难就诚心帮助，有矛盾就诚心调解，有缺点就诚心批评，有进步就诚心鼓励。四是改正错误有决心。班组长要善于听取正反两方面的意见，用于改正工作中的错误，不能阳奉阴违，产生消极抵触情绪或产生报复心理。五是处理问题有公心。班组长公平不公平，组员心里有杆秤。班组长在奖金分配、任务安排、经济处罚方面要坚持“公平、公正、公开”的原则，决不能受亲情、友情、感情影响，做到制度面前人人平等。

2）“三先”。一是比组员先想到。班组长对班组可能出现的不安全因素、产品质量、思想动态等问题要超前考虑，定出对策。二是比组员先看到。班组长平时要耳听六路，眼观八方，及时发现问题，把问题处理在萌芽状态。三是比组员先做到。班组长要身先士卒，严以律己，做到完成任务干在前，关心他人跑在前，危险时刻冲在前，执行制度走在前，思想工作做在前。

（2）建章立制建立规范，克服执行制度的随意性

制度是和谐的前提，原则是处事的准则，和谐是在原则的指导和制度的约束下人与人之间的一种平等关系。在创建和谐班组的工作中，大陆机械公司结合本单位的实际情况，先后修订和完善了《争创和谐班组规划》《五好职工考核标准》《劳动纪律管理规定》《安全文明生产管理制度》《质量管理制度》《班前会制度》《思想状况分析制度》《走访慰问职工制度》等多项管理制度，并在制度的修订和运作中充分注重制度的实用性和持久性，克服了执行制度的随意性，显示了对人对事的公正性。

大陆机械公司将制度的检查考核始终贯穿于全年的整体工作中，做到了“以制度规范人，以制度约束人，以制度考核人，以制度奖

惩人”。同时，大陆机械公司要求班组长必须做到“三管”“二监督”“三到位”，即敢管、严管、会管，注重自我监督、相互监督，做到事前警示到位、违规处罚到位、事后帮促到位。各项制度的落实，使职工遵章守纪的自觉性更高了，气更顺了，班组的和谐气氛更浓了，为全面完成生产任务提供了强有力的保证。

(3) 突出重点形成凝聚力，促进班组的安全管理

1）把安全生产作为班组和谐的落脚点。大陆机械公司始终把安全当作“天”字号大事来抓，做到了安全第一，生产第二，不安全不生产。在安全教育中，大陆机械公司坚持形式和效果相统一，面上教育和个别教育相结合的原则，采取了“专人辅导集中学，化整为零分散学，座谈讨论交流学，参观访问启发学，寓教于乐变通学”的方法，牢牢抓住四个教育重点，即对新入厂学员重点教育，对违章职工重点教育，对思想不稳定职工重点教育，节前节后对职工重点教育。

在安全管理中，大陆机械公司努力寻求一个“严”字，在安全检查中重点突出一个“细”字，在隐患处理上认真落实一个“快”字。为真正把安全管理工作落到实处，大陆机械公司打造了“分工负责、相互配合、级级相保”的框架，对班组长实行了“三定一保”的考核办法，即定责任、定人员、定区域，确保分管区域无违章，无重大人身机械事故发生。

2）把思想政治工作作为班组和谐的润滑剂。大陆机械公司找准思想政治工作和生产经营的结合点，既注意做好八小时之内的思想工作，又注意做好八小时之外的思想工作；既注意做好在岗职工的思想工作，又注意做好职工家属的思想工作；既注意做好“事后”的思想工作，又注意做好事前可以预料到的思想工作。大陆机械公司同时做到了把解决思想问题与解决实际问题相结合，温暖了职工的心，稳

定了职工队伍。

3）把民主管理作为班组和谐的助推器。在制度执行中，大陆机械公司让职工参与监督，以求最大的公正性。同时，大陆机械公司认真做到了“三同”“四公开”，即同工同酬、同奖同罚、同事同论；职工考勤公开、职工收入公开、职工完成工时公开、职工奖罚公开。上述措施可以让多得者问心无愧，让少得者心理平衡，让受罚者心服口服，给职工一个明白，还领导一个清白，消除了疑惑，化解了矛盾，增进了团结，鼓舞了干劲。

14. 河南油田第二采油厂塔河项目部建设特色班组

河南油田隶属中国石油化工股份有限公司，地处河南省南部南阳盆地，油区横跨南阳的新野、唐河、桐柏、平顶山等8个县区，总部位于南阳市。河南油田是集油气勘探开发、精细化工、施工作业、机械制造等多种经营和社会服务于一体的大型国有企业，现在划分为石油工程、公用工程、社会服务、多种经营四大板块。

第二采油厂塔河项目部从生产实际出发，致力于“兵头将尾”队伍建设，采取强化培训提高素质、落实问责提升执行力、优化队伍添活力等措施，强化班组建设。

（1）技能充电，对班组长进行现场培训

提高班组长的素质对于企业建设至关重要。该项目部要求班组长必须要具备3种素质。一是政治素质。班组长要具备强烈的事业心和使命感，自强不息、顽强进取、坚持原则、大胆管理，善于协调干部和职工之间的关系。二是技术业务素质。班组长必须胜任班组的业务领导工作，具有丰富的技术业务和工作经验。三是管理素质。班组长要对管辖的人员、设备等做到科学管理，做到人尽其才，物尽其用。

为达到这个目标，该项目部采取以会代训等手段，项目部领导亲自抓、亲自讲，在强化业务技能培训的同时，有计划地组织班组长学习班组管理、HSE 管理等方面的知识，重点培训班组长自主管理、科学管理的意识和能力。同时，该项目部创新管理，采取班前会由班组长轮流主持的形式，增强班组长的问题分析和管理能力，为提高班组长的业务素质和组织管理能力搭建了平台。该项目部还坚持开展班组之间的基础工作“互查、互检”活动，使班组长在学习中相互促进，在竞争中共同提高。

如今，该项目部的班组长既是现场生产的组织和指挥者，也是合格的现场操作培训者。从 2005 年进入塔河油田以来，各班长担负起了新入疆职工的现场培训重任，先后培训了新入疆职工 150 余人，为甲方培训新分大学毕业生 20 余人。懂技术、有能力，有着丰富现场管理经验的班组长队伍也带动了整个职工队伍建设，2008 年 8 月，在塔河采油二厂技术比武中，该部派出的 3 名选手包揽前 3 名，并获得了团体第一名的好成绩。

（2）落实问责，纠正干好干坏一个样

为实现项目部经营管理目标，项目部准确把握甲乙方管理模式内涵，减少中间层次，以班（站）管理作为基本单元，下放部分采油队管理权力到班（站），赋予班组长现场生产指挥权、工作调配权、违章违纪处罚权、轮换休假审批权等，增加班组长的责任，并进行精确岗位描述，定岗定责，由项目部和采油队分别按管理职能和权限对班组长进行考核，职责权利相统一。班组及个人要严格按“三不推”原则开展工作，即个人能解决的不推给班组，班组能解决的不推给队里，队里能解决的不推给项目部。项目部强力实施班组长问责制，将问题消灭在班组，工作目标落实到班组，推动班组长自觉开展工作。

在班组长考核管理上，项目部建立了《班组长安全职责》《班组长管理考核实施办法》等一系列管理制度，每月进行一次综合考评，每季进行一次民主测评。项目部建立了班组长考核档案，记录班组安全生产指标、质量指标、“三违”、出勤等方面的情况，作为年终考核和聘任的主要依据。对贯彻上级指示不力、服务质量低劣、工作作风不深入、工作责任心不强或出现其他严重错误的班组长，严肃处理；对思想不进取、工作无作为的班组长，依照程序进行解聘。

最近几年，项目部先后因执行不力等原因撤换了 3 名班组长，同时，先后有 2 名班组长被提拔为采油队安全副队长，4 名班组长被聘用到甲方采油队生产运行组、厂调度室等部门重要生产管理岗位，班组长干好干坏真正做到了不一样。

（3）组织任命，保证班组长的权威性

能者上，庸者下。项目部经常对班组长轮换空缺岗位进行竞聘，保持了队伍的活力。

项目部有目的地去观察、锻炼和培养一些政治觉悟高、思想上要求进步、为人正直、廉洁奉公、业务熟练、安全意识浓厚、对待工作高度负责、有敬业及创新精神者作为班组长的后备人选。在班组长选拔任用上，项目部按照基层班组长上岗须具备的专业技术、安全管理、问题解决、现场组织 4 种能力要求，通过民主荐举、竞争上岗等方式，确定班组长人选，经考察审核合格后，由该部党总支下文任命。为提高班组长的政治待遇，项目部把班组长纳入干部序列管理，班组长和站长从优秀职工中选拔，享受副队长待遇，并将班组长的工资待遇与职工拉开差距，严格规定聘用与解聘程序，做到解聘班组长必须经党总支集体研究，任何人无权随意撤换。同时，项目部赋予班组长现场管理、“三违”处罚、劳动组织调整等五大权力，保证了班组长的权威性。对优秀班组长除给予激励、提拔重用外，项目部还经常召开座谈会，听取他们的心声，鼓励他们关心企业、参与企业建设。同时，项目部从工作、生活等各个方面予以关怀，极大地激发了班组长工作的积极性。

项目部逐步建立并完善班组长能上能下的动态竞争激励机制，激发了班组长队伍的活力，现场管理水平稳步提高，以过硬的技术和优质的服务取得了甲方的信任和尊重，所管辖的油井也由初期的 31 口增加到 54 口，占整个采油一队的 50%。在进入塔河油田全面服务的 3 年里，采油一队先后 3 次获得集团公司金牌队称号，成为塔河油田夺油上产的一支生力军。

河南油田第二采油厂塔河项目部致力于“兵头将尾”队伍建设，采取强化培训提素质、落实问责提升执行力、优化队伍添活力等措施，为班组建设增添了活力，确保安全生产。

15. 银光集团实施分级考核、动态管理助推班组建设

甘肃银光化学工业集团有限公司始建于 1953 年，下属 17 家分（子）公司，总占地面积 15 平方千米，截至 2009 年上半年，资产总额 40 亿元，在职员工 9 200 余人。

当前，银光集团正以科学发展观为指导，以市场为导向，以改革创新为动力，解放思想、夯实基础、凝聚人心、科学谋划，合理调整产业结构，大力发展循环经济，深化集团化运作，认真履行社会责任，持续改善民生，培育企业可持续发展能力，弘扬“创新、奉献、务实、开放”的企业精神，全力打造有抱负、负责任、受尊重的兵器银光团队，努力实现“和谐、集智、尽责”的管理目标，努力为国家国防建设和经济建设创造新的辉煌。

2017 年以来，甘肃银光集团重新修订《安全标准化班组达标验收办法》，按照“分级考核、动态管理、突出重点、过程控制”的原

则，扎实开展安全观察与沟通、班前班后会“两个一”等活动，重点规范班前会和班组周安全活动；严厉打击护具穿戴不全、岗位超员超量等“三违”现象；严肃整治作业现场“跑、冒、滴、漏”及脏乱差现象，进一步加强和规范安全生产标准化班组建设。同时，该公司将各单位班组安全、现场管理、设备管理、劳动纪律等工作开展情况纳入公司末位管理，每月深入生产现场发现并指导基层解决问题，提高安全管理水平。

（1）强化班组制度的落实，夯实班组基础管理

该公司加大班组制度执行力度，以规范安全生产标准化班组管理记录为着力点，加强班组痕迹管理，整合统一班组记录，严格落实记录标准规范。结合《集团安全生产标准化班组考核验收标准部分条文解释》要求，该公司建立班组“岗位主要危险有害因素告知卡”“岗位事故应急处置卡”“岗位违章表现须知卡”，从班组长的风险防控能力、班组安全生产谈话、安全生产教育培训、危险有害因素识别、隐患排查治理及合理化建议、班前班后会、班组周安全活动、安全行为观察与沟通活动、作业前安全提醒、危险作业与预先危险性分析、现场应急救援、应知应会等各方面严查细查，确保管理制度在班组有效落地。

（2）通过加强目视化管理，强化班组现场管理

该公司结合质量管理、安全环保管理、现场标准化建设、现场安全文化建设，编制《目视化管理手册》，通过目视化管理来指导班组管理，做到事前预防，杜绝发生安全事故。同时，该公司在班组设置管理看板，将班组管理网络、员工职责等上墙，做到岗位职责清晰和层层落实。该公司按生产标准化操作将生产过程中的操作动作、操作顺序、操作方法和生产设备、工具的正确使用方法目视化，在关键工序实施 TPM（全员生产维修）看板管理，定期分析设备故障率、完

好率等关键指标，及时发现和解决问题。建立和完善关重设备单机档案、点检和维修记录，关重转动设备点检基准书覆盖率100%。

（3）定期开展交流，共享班组管理经验

该公司每季度组织召开班组管理工作会、公司领导与班组长座谈会，领导联系班组参加班组安全活动等，及时总结班组建设方面存在的不足，分析问题原因，总结好的做法，推广好的经验，安排布置相关工作。该公司定期组织班组长和班组管理员到优秀班组参观学习，通过现场观摩和交流，相互学习班组管理经验，对标查找问题和短板，逐步提升班组建设水平。

（4）加强学习培训，提升班组员工整体业务素质

该公司把班组长素质提升作为提高班组管理水平的重要抓手，选派多名优秀班组长参加集团公司班组长培训，提升班组长管理水平。该公司每季度举办班组相关人员学习培训班，重点加强班组管理制度、安全管理制度、岗位应知应会等方面的培训，通过班前班后会学习岗位操作法、岗位应知应会、员工行为规范等，不断提升班组员工技能水平。

16. 豫西集团公司抓点带面力促班组建设规范化

豫西工业集团有限公司隶属中国兵器工业集团公司，是大型工业企业，占地面积1 500多万平方米，总资产30亿元，职工15 000人，拥有各类设备1.2万余台（套），现有七个控股子公司。

近年来，该公司大力实施全价值链体系化精益管理战略，不断创新工作形式，持续开展精益班组达标创建活动，并与各种形式的劳动竞赛相结合，积极引导职工达到“四个提升”目标，即全面提升班组长素质，全面提升基础管理水平，全面提升员工业务技能水平，全

面提升员工思想文化道德素养。

（1）齐抓共管构建体系，深入推进班组建设

作为机械制造企业，该公司在建立完善的安全管理网络前提下，按照“业务谁主管、安全谁负责”“分级管理、分线负责”和“一岗双责”的原则，建立健全安全生产管理以企业第一责任人为主任委员的安全生产委员会，相关业务部门在各自主管的业务范围内，对安全工作实施专业监管。这一体系环环相扣，将管理触角延伸到企业的每一个角落，建立起一套程序化、规范化、系统化、现代化、常态化的安全管理机制，促进了公司安全管理水平的稳步提升。该公司通过安全生产组织体系、制度体系、责任体系、教育培训体系、技术保障体系、应急救援体系、考核评价体系七大体系建设，建立起以安全体系为支撑的、具有集团化安全管理体系的、自我约束、持续改进的安全生产长效机制。

（2）树立典型创造氛围，扎实推进班组建设

该公司建立健全班组长激励机制，深入开展班组评比表彰活动。2014 年，公司开展了“优秀班组长”评选工作，表彰了 30 名敬业爱岗、创新力强、能打硬仗、业绩突出的优秀一线班组长。2015 年年初，结合精益班组达标检查结果，该公司开展“优秀精益班组”评选活动，申报班组负责人走上讲台，利用 PPT（演示文稿）等形式介绍本班组开展精益班组创建的特色做法、亮点等内容，同时，各单位未参评的班组长也作为评审委员会成员参与进来，形成了“评审即交流”的格局。

（3）瞄准重点精细管理，用标准化管控班组

该公司按照不同时期各单位生产任务情况，找出安全管控重点单位和各单位的重点部位；积极推进安全生产标准化与国家安全生产标准化对标、靠标，以精益生产、精细管理、合理化建议活动为抓手，

持续推进技术标准化、工艺标准化、作业标准化、管理标准化建设，将各项安全管理举措贯穿于生产经营和科研的各个方面及其全过程。

通过各种安全检查，该公司加大隐患和违章的整治力度，减少了职工的不安全行为、设备设施不安全状态和作业环境的不安全条件。该公司重点加大对车间班组的管理和考核力度，提高职工辨识危险和防范事故、应急处置的能力，严格对班组安全达标活动进行验收，充分调动全员管安全、查安全、保安全的主动性，把“要我安全”变为“我要安全”，不断提高车间、班组管理的有效性，实现管理重心下移，为提升公司整体安全管理水平打下坚实的基础。

（4）培训指导全面提升，建设管理科学的班组

围绕公司发展的中心工作，该公司努力把班组建设成为勤学苦练、岗位成才、勇攀高峰的一流班组，建设成为制度健全、责任落实、管理科学的一流班组，建设成为自主创新、安全稳定、业绩突出的一流班组，建设成为以人为本、民主公开、团结和谐的一流班组。公司以外出参观学习的形式对班组长进行专题培训，参加培训班组长也以问题为导向，带着问题去学习。此外，公司先后组织班组长到先进企业学习，班组长们还结合各自的实际，提出了加强班组建设等方面的建议，并对本单位及班组进行转培训工作，把培训学习成果带回来，形成“星火燎原”之势。

17. 四川代池坝煤矿在十方面积极激发班组活力

代池坝煤矿是广旺能源发展（集团）有限责任公司的下属单位。广旺能源发展公司位于四川盆地北部边缘川陕甘接合部，是一家以煤炭开采为主业，集电力、机械制造、旅游酒店、医疗急救、信息通信、物资供应等多业发展的国家大型工业企业。广旺能源发展公司现

有19个二级单位，拥有4对煤炭生产矿井，核定年产能165万吨，总资产56亿元，员工6 000人，营业收入10亿元。

广旺能源发展公司代池坝煤矿对班组建设采取了一系列强有力的措施，在10个方面“激活”班组这个“细胞”，开创了班组建设的新局面。

（1）“活”在思想认识上

该矿明确了一系列规定，如坚持每月一次的全矿性的班组建设办公例会，每季度一次的主题为“五赛五比”的班组劳动竞赛、优胜班组评比，半年一次的班组读书心得交流评比，每年度一次的班组长业务技能考试考核活动和优秀班组长表彰活动。

（2）“活”在组织管理上

一是明确了班组长的产生渠道，必须走群众路线，由基层职工提名推荐或选举，由矿长聘任；二是进一步明确班组长的各项经济待遇；三是明确了矿工会主抓班组建设的管理职能。

（3）“活”在制度建设上

该矿规定了班组长有对当班班组成员的工分加分和扣分的直接处置权，有班组奖金二次分配的处置权，有对职工违反企业规章请求队管处理的建议权。该矿建立了班组日常管理制度和班组长定期向班组成员汇报工作制度。

（4）“活”在劳动竞赛上

全矿班组按照采煤、掘进、辅助、地面单位四赛区，开展每季度一次的班组劳动竞赛，突出“五赛五比”的竞赛内容，即赛生产任务的完成，比谁的生产任务完成好；赛质量指标的完成，比谁的产品质量和工程质量优；赛安全指标的完成，比谁的安全效果好；赛材料消耗控制指标，比谁的材料消耗指标节约好；赛精神文明建设，比谁的建设成果好。

（5）“活”在民主管理上

该矿建立了班组民主管理议事制度，极大地增强了班组成员的民主意识，提高了职工参事议事的能力。该矿还建立了班组民主生活会议制度，通过民主生活这种行之有效的会议制度，来达到职工自我教育、自我批评、自我管理、自我约束的目的。

（6）“活”在班组学习上

在普遍开展学习活动的基础上，该矿机电队率先作出了规定：每一位职工每周必须参加政治学习 2 小时，安全学习 4 小时，业务学习 2 小时；每一个班组每周必须组织 8 小时业务技能学习；每位班组长每季必须有一篇学习心得。这些制度都与当月的工资收入挂钩。

（7）“活”在素质提高上

该矿做到了“六个坚持”，即坚持开好每天一次的班前会，坚持每周二安全活动日给班组长 5 分钟讲安全生产工作的时间，坚持每一名班组长在每月一次的工作例会上有 3~5 分钟的发言，坚持每半年举办一次读书心得交流活动，坚持每季度报送一次工作报表，坚持每周政治学习班组长轮流辅导发言的做法。

（8）“活”在激励机制上

该矿认真兑现了班组长当班的带班津贴、出勤补助、职务津贴等，切实坚持了每季度一次的优胜班组评比和每年一次在“两代会”上隆重表彰优秀班组长的做法，还实施了优胜班组的班组长每季度外出旅游观光一天的奖励办法。

（9）“活”在办公例会上

该矿始终坚持每月召开一次班组长办公例会，主要内容为组织学习上级的指示精神和有关理论文章或业务知识；总结讲评当月的班组建设工作；安排部署下月全矿的班组建设工作；选定班组长代表作经验交流发言，提合理化建议；通报和表彰优胜班组；矿领导轮流到会做形势任务宣讲，开诚布公，释疑解惑。

(10)“活”在现场管理上

通过认真落实班组长的政治和经济待遇，98%以上的班组长能够一心扑在工作和管理的现场。班组一如既往地抓住“奋进杯”劳动竞赛这根主线，切实抓好当班的安全、产量、质量以及成本控制，与职工同上同下，与职工想在一起，干在一起，及时排查隐患，解决具体问题，严格做到现场手上交接班，使该矿的班组建设和现场管理有一个“质”的飞跃。

二、优秀班组安全管理的“超凡艺术”

班组是企业的基层单位，承担着具体的生产作业任务。班组不仅要抓好生产任务的完成，还要注重加强做好班组成员的思想工作，否则，班组就难以形成和谐融洽的家的氛围，也难以成为大家认同的地方。只有通过有效措施引导班组成员心往一处想，劲往一处使，才会把班组建设成为情感交融的和谐、优秀班组。所以，优秀班组的管理特点，首先在于“情”。

18. 平煤神马集团六矿“大学生采煤班”安全无事故

中国平煤神马能源化工集团有限责任公司（以下简称平煤神马集团）是一家以能源化工为主导的国有特大型企业集团，是我国品种最全的炼焦煤、动力煤生产基地和亚洲最大的尼龙化工产品生产基地，其煤炭产能为7 000万吨/年。

该集团六矿综采四队“大学生采煤班”成立于2008年8月，现有成员12名，其中硕士研究生2人、本科学历2人、专科学历8人，平均年龄25岁。该班组担负我国首套国产自动化综采设备的操作、维护工作，首次实现了综采工作面破碎机、转载机、采煤机三机顺序联动，割煤、移架、推溜计算机程序化控制，原煤工效在全国同类矿井中名列前茅，并取得了安全零事故的佳绩，成为高素质人才、高科技装备、高标准管理、高效率团队相结合的现代煤矿“四高”班组，被中华全国总工会授予“全国工人先锋号”称号。

“大学生采煤班”在井下地质条件复杂、煤层薄、瓦斯涌出量大，管理和使用这套设备没有任何经验可循的条件下，大胆创新，迎难而上，以抓培训、强管理、搞创新、保安全为核心，围绕打造具有时代特点的“四高”班组，探索形成了以素质提升为目标的人机对接培训模式，建成了以精细化管理为核心的班组管理平台和以推行“六要素”安全管理为主线的本质安全体系，有力推动了煤矿企业的安全高效发展。

（1）构建班组人机对接培训模式

1）“一对一”岗前培训。为尽快让全体成员了解设备性能，掌握操作技能，解决常见故障，“大学生采煤班”与有关厂家技术人员实行“一对一”岗前培训，重点讲设备原理、操作技能和维护保养常识；利用地面联合试运转的时间，学习系统设置、数据采集、信息分析和自动移架、拆卸组装等基本操作知识，并按照老师的要求，熟悉操作步骤，强化实践演练，实现了人机无缝对接，确保了自动化综采设备在井下一次试车成功。

2）“二帮一”导师带徒。“大学生采煤班”成员每人都配有两位老师，并签订师徒合同。一位是高学历、高职称的技术理论老师，重点传授自动化设备管理、自动化技术管理等专业理论知识；另一位是现场工作经验丰富的实际操作老师，重点帮教安全操作技能、实际操作经验等知识。老师帮教时间为半年，与大学生同下井、同升井，实行全程跟踪，全程传授生产技能。同时，“大学生采煤班”以班为单位还配有两名理论丰富、技术精湛的技术导师，坚持每月分别组织一次学习培训，其整体素质很快适应了自动化设备的需要。

3）“三位一体”团队学习。团队学习是实现知识共享的重要手段，也是提升职工整体素质的有效方法。“大学生采煤班”坚持专题学、轮流讲、结对子的“三位一体”团队学习方法，打造了一支一专多能、一岗多责的高素质复合人才队伍。“专题学”就是针对自动化设备运行过程中遇到的问题，建立每周二、四、六上午学习制度，坚持按问题、按生产需求策划主题，安排学习内容，实行专题集中学习，突出学习的针对性。“轮流讲”就是“大学生采煤班”每名成员结合本专业知识轮流授课，授课人提前备课，提前写教案，既当导师又当学生，实现了团队知识共享。“结对子”就是坚持让本班不同专业的成员结成对子，定时进行轮换，促进各专业之间的相互学习，形成了切合现场生产实际的新“专业”。

（2）搭建班组科学管理平台

1）管理制度流程化。从规范制度、完善标准、细化流程入手，“大学生采煤班”构建了班组长日工作流程、员工日工作流程、班前会安全教育流程 3 项流程，制定隐患排查、安全确认等 10 项安全现场管控制度，编制了涵盖所有岗位的《岗位作业指导书》，对自动化综采设备作业流程、操作要领、成本物耗、故障排除、应急避险等内容都作了详细说明。此外，“大学生采煤班”还出台了多项与之配套的实施细则，形成了一套系统的自动化综采工作面管理制度。

2）作业过程规范化。一是实施正规循环作业，编制自动化综采工作面作业流程正规循环表，在规定的时间，由规定的人员，按照规定要求完成规定的任务。二是建立编码信息平台，对主要设备设施、材料等进行全编码，对自动化综采设备实行“全寿命周期”管理。在自动化综采设备搬家过程中，班组按照程序将所有配品、小件与大型设备同步跟进，编号管理，精确到位，确保了3次采面搬家、1次采面对接的一次试车成功，采面搬家时间也由常规的两三个月缩短为半个月。三是对所有设备实行“包机负责制”和标识管理，特别是针对支架控制器等精密电子元器件，不但贴上标签、标明注意事项，而且采取防尘、防潮、防震措施加以防护。

3）设备管理智能化。班组自主开发岗位价值精细管理软件系统，显著提高了管理信息化水平，搭建起符合现代煤矿生产需要的班组精细化管理平台。设备需要检修时，岗位价值精细管理软件系统会根据预定的设备检修周期自动报警，及时提示设备各个部件的检修类型和时间，并对各个设备部件的更换情况进行自动记录，避免了检修延误延时，方便了检修记录快速查询。该系统可对以往发生的设备故障进行记录，并综合诊断分析，以有效避免同类问题的再次发生。

4）岗位管理价值化。班组把安全、质量、任务、学习、文明、节约“六元合一”，全部纳入岗位价值考核。首先确定材料使用周期，并把产量任务按比例系数分解，形成价值分解后的岗位价值。然后从六个方面对岗位付出、效果进行核算，计入岗位绩效工资，促使每个成员努力创造正价值、减少零价值、消灭负价值，实现岗位增值、企业增效、员工增收。班组坚持岗位价值与人生价值的统一，对优秀的员工给予提拔重用。目前已有4名“大学生采煤班”成员走上了正、副科级岗位。

（3）推行班组“六要素”安全管理

1）建立“六要素”管理系统。围绕零死亡、零事故、零超限的“三零”目标，“大学生采煤班”充分发挥综合素质高的优势，针对影响安全生产的“人、机、物、法、环、信”等问题，建立了以人员、设备、物料、方法、环境、信息通信为主要内容的全员、全方位、全过程的班组现场安全管控系统，通过连续性数据、原始性记录，挖掘有效信息，研究规律参数，对每班安全生产进行系统监控，及时控制人的不安全行为、物的不安全状态、环境的不安全因素，创造良好的工作环境。

2）推行“六要素”隐患排查。根据“人、机、物、法、环、信”六要素，“大学生采煤班”实施“六排查”，即排查人员是否精力集中、是否情绪稳定、是否胜任工作；排查设备是否完好、运转是否正常；排查物料是否齐备、质量是否符合要求；排查方法是否正确、措施是否到位；排查现场是否达标、环境是否良好；排查信息是否准确、通信是否通畅。“六排查”的实施确保了“六要素”排查制度高效执行。

3）实施“六要素”安全确认。“大学生采煤班”推行班前会安全确认，确保“人”的因素达标；严格检修制度，确认“机”的因素完好；实施质量监控、定置管理、分区码放，确认“物”的因素达标；推行“手指口述”现场安全确认，严格执行安全规程、标准和措施，确认“法”的因素达标；实施工程质量、环境卫生标准化，保证生产、运输各环节科学衔接，确认“环”的因素达标；坚持微机定期重启、维护保养线路，确认“信”的因素达标。凡是达不到标准要求的因素，按照隐患等级，分级处理，及时整改，跟踪落实，存档备案。

4）细化“六要素”系统分析。系统分析包括六个步骤。一是班记录。由作业人员现场记录生产实际情况，从采煤机启动开始，详细、真实记录开、停时间等原始数据和非正常原因，编制当班安全生产全过程分析图表，为综合分析、安全管理提供可靠依据。二是日汇总。根据每班安全生产全过程记录，班组对生产过程中停车原因及停车时间进行统计、整理，绘制当天停车原因柱状图，标明“六要素”所占比例。三是周分析。班组按四天一个周期进行生产作业分析，分别统计出“六要素”的影响概率，对生产过程中各要素进行细致分析和评价，找出产生问题的原因。四是定措施。针对分析找出的因素，将各因素按照影响安全生产的时间，由高到低进行排序，分别制定切实可行的措施，加以整改和防范。五是抓修复。通过措施落实，修复安全生产中存在的“漏洞”和不足，减少生产中的停车时间及次数，改善安全生产环境，提高安全系数和生产效率。六是再循环。按周期进行安全生产“六要素”分析，不断发现问题、解决问题，再发现问题、再解决问题，达到优化操作、优化流程、优化工艺，循环递进、梯次增高的目的。

“大学生采煤班”成员素质高，安全意识强，对安全法律法规理解深、认知准，对实现安全的欲望更加强烈，能做到时时想安全；大学生具有专业知识和技能，对隐患能早发现、早预防、早处理，及时把隐患消灭在萌芽状态，做到处处会安全；实施“六要素”安全管理，统筹协调各要素之间关系，做到班班能安全。在采深不断增大、地质条件日益复杂的条件下，“大学生采煤班”没有出现一起设备事故和工伤事故，杜绝了“三违”现象，取得了安全零事故的好成绩。

19. 北京燃气集团运行一班“4×3”安全达标管理法

北京市燃气集团高压管网分公司运行三所运行一班是北京燃气管线安全运行管理的一支专业队伍，是服务保障首都安全稳定供气的一个前沿阵地。运行一班主要负责北京京通路以南、中轴路以东、四环路以内区域及小红门博大路沿线燃气设施的安全运行保障工作。

运行一班虽然只有 10 人，却围绕安全稳定供气的中心任务，坚持“精细、严格、求实、创新”的工作方针，以设备安全管理为基础，以安全技能培训为重点，以安全制度建设为保障，以安全文化建设为引领，在长期的燃气安全运行管理实践中，逐步摸索总结出一套“4×3”安全达标管理法，实现班组自成立以来安全“零事故”的目标，并连续多年获得北京燃气集团“十佳安全班组”荣誉称号。

（1）“4×3”安全达标管理法的核心要素

“4×3”安全达标管理法中的“4”是运行一班对复杂的燃气管线安全运行管理工作梳理、总结后，将安全管理分为物质、行为、制度和精神 4 个管理层面。从低级到高级、从客观到主观、从静态到动态、从有形到无形，每一个管理层面就像一个阶梯，每上升一个阶梯，安全管理水平就提高到一个更高的层次。“3”是指每个安全管理层面最核心的 3 个要素，是检验安全工作的主要指标。

具体来说，“4×3”安全达标管理法如下：

物质层——设备安全达标、现场安全达标、环境安全达标。

行为层——安全知识达标、安全技能达标、安全操作达标。

制度层——安全责任达标、安全监督达标、安全激励达标。

精神层——安全意识达标、安全理念达标、安全文化达标。

“4×3”安全达标管理法结合燃气安全运行管理的实际工作内容，既突出层次性，也确保覆盖面广，不仅是一种班组安全管理方法，更蕴含着运行一班在长期安全运行工作中总结出的安全理念、管理目标和精神追求。

（2）细化“物”的安全管理，促进本质安全

物质层的安全管理是通过对设备、现场、环境 3 方面的治理达到本质安全的水平。

设备安全达标是坚持查找设备隐患“三不放过”原则（安全隐患不排除不放过，故障处理不彻底不放过，原因分析不清楚不放过），实行设备隐患逆向排查法和无责任汇报制度。设备隐患逆向排查法是指自下而上排查隐患，随时汇报隐患。无责任汇报制度是指班

组成员找出隐患并及时主动汇报，不追究责任，避免定时、定点、定人的常规隐患排查可能存在的时间差漏洞、习惯性盲点、死点等各种情况。运行一班还在班组内开展“设备达标评级”活动，以设备维护保养情况、维修检修计划执行情况、设备台账填写情况、特种设备管理情况等作为细化指标，开展达标考核和竞赛评级。

现场安全达标是要求生产现场达到“五化”（整洁化、清晰化、条理化、定置化、标准化）。按照安全管理要求，运行一班规范各类台账格式，统一制作目录标签，分类摆放，同时对办公环境、硬件设施进行统一定制，统一标识，并落实责任到人。例如，运行一班建立了统一规范的安全目视系统，在调压站箱门口、管道、灭火器等显著部位设置安全提示牌、使用方法标牌等。

环境安全达标主要针对野蛮施工造成管道破坏、燃气井盖丢失、违章建筑占压管线等威胁燃气安全的外部环境而言。运行一班要求巡线员做到“三勤、一及时”，即“勤说”，要能说出管网准确位置，预防施工时外力破坏；“勤看”，施工现场进度快，要经常看，确保监护不缺失；“勤问”，施工现场情况复杂，要问清施工走向，做到提前交底；“一及时”，有问题要及时向上级汇报，把隐患消灭在萌芽中，把工作关口前移。

（3）固化“行为”管理，促进过程安全

“物”的本质安全水平达到要求后，运行一班要求“人”在生产过程中的安全也需达标，这样做的目的，是保证人员操作规范可靠，避免出现操作失误。由此，人员要做到“三个达标”，即工作前安全知识要达标，掌握安全技能要达标，安全操作知识要达标。

1）安全知识达标。运行一班坚持安全知识、技能培训做到“四个一”，即每天讲一个安全生产技术问题，每月进行一次岗位练兵活动，每季度开展一次应急预案演练，每年进行一次安全知识技能综合达标考核。运行一班坚持开展“班前5分钟安全经验分享”活动，将生活或工作中亲身遇到或了解到的安全事故与班组成员分享，对照事故分析原因、总结教训、查找漏洞。

2）安全技能达标。运行一班提高安全技能有“三结合”，即与安全检查相结合、与技术练兵相结合、与安全竞赛相结合。此外，运行一班开展班组成员人人担当“兼职小教员”活动，根据各自岗位和分工，班组成员参加相应的“基础知识+专业知识+基本技能”的模块化培训，掌握后担任兼职小教员，在班组成员中开展上下工序交叉学习活动，通过相互“传、帮、带”，实现一岗多能，提高班组成员全面的安全风险识别和预防能力。

3）安全操作达标。在具体操作过程中，运行一班成员严格按照《岗位操作规程》《安全技术规程》等标准进行操作，一环紧扣一环，做到“四负责”，即上道工序要对下道工序负责，单个环节要对整体负责，班组成员要对班组负责，班组要对企业负责。同时，运行一班制定了所辖范围内燃气管线处置预案，明确每段管线两端控制阀门、影响范围、责任人员及下游联系方式，并以桌面演练和现场演练的形式全面落实各项预案内容。

（4）固化有效的班组安全管理方法，实现安全常态化管理

以制度的形式，将在实践中摸索出的有效的班组安全管理方法固定下来，有利于实现安全常态化管理。运行一班将班组安全管理制度归纳为责任、督查、激励3种。

1）安全责任达标。运行一班通过民主选举的方法，在班内设定“两长三员”（班长、工会小组长、安全员、内勤员和设备材料员），明确各人的安全管理要求。同时，在安全工作上，运行一班树立“每个人都是安全第一责任人，每个人都有监督责任，出了安全事故每个人都有直接责任”的思想意识。

2）安全督查达标。安全督查达标是指运行一班在工作中执行“六个必讲”和“六个必查”。“六个必讲”，即班前会上公司、班组的安全目标、任务必讲，严格按照标准操作必讲，安全注意事项必讲，班后会上违规违纪必讲，好人好事必讲，安全改进措施必讲。“六个必查”，即设备巡视必查，检修质量必查，违规操作必查，安全规范必查，生产现场必查，各项记录必查。此外，运行一班实行铁腕抓安全，狠心查“三违”，主动带上放大镜，把小题“大做”，对违章违纪行为百分百登记上报，对违章违纪者百分百按规定处罚。

3）安全激励达标。运行一班建立的安全达标奖励机制是设立班组安全奖励基金，年初每人提交100元，班组再拿出1 000元，共同组成安全奖励基金，用于各项安全活动的奖励，年末对实现全面无安全事故的成员进行奖励。出现安全事故的，实行一票否决制，奖励全部予以扣罚。

（5）积极推进安全文化建设，促进班组持久安全

有了各项安全制度作保障，若想继续提高安全生产水平，则要加强安全文化的建设，让班组成员认可安全理念、安全文化，自觉执行各项安全生产要求，达到班组核心安全的目的。

1）安全意识达标。运行一班在班前安全教育中，坚持“确认精神状态，灌输安全知识，交代安全注意事项，诵读安全理念，进行安全宣誓”5个步骤，使安全成为一种融入日常工作、生活的自觉习惯。运行一班开展“亲情寄语嘱安全”活动，让每一位成员的家属在春节等传统节日，向自己的亲人送出安全关爱和嘱托，让成员从寄语中体会亲人字里行间渗透的爱意和期盼，增强班组成员的安全意识，把安全生产与家庭幸福、企业发展联系起来，构筑由“夫妻情、父母爱、子女愿”铸就的安全亲情防线。

2）安全理念达标。运行一班要求班组成员坚守集团“安全是

魂，预防在先”的安全理念，自觉执行企业的各项安全规范，努力消灭一切事故隐患。运行一班信守“安全就是效益的理念”，常算“经济账”，使各人的经济效益与安全质量达标、安全效果、安全培训等紧密挂钩。运行一班要求班组成员认可“三个可以”安全理念，即所有安全事故可以避免，只要用心；所有不安全行为可以改变，只要努力；“零事故”可以实现，只要坚持。

3）安全文化达标。每个企业、班组的安全文化各不相同，运行一班坚持“五观察、五必访”。“五观察”即上班观察表情，工作观察干劲，学习观察态度，吃饭观察饭量，休息观察言行。“五必访”即成员有困难必访，成员病假必访，成员无故缺勤必访，成员婚丧事必访，成员生日必访。通过“五观察、五必访”，班组及时了解成员的思想情绪、身体状况等，使安全管理工作有针对性。依托安全理念引导、团队精神聚人、亲情教育感染、素质技能提升、安全行为养成“五项措施”，用安全文化的力量筑牢班组安全。

高压管网分公司运行三所运行一班通过创建安全达标班组，提高了班组成员的安全知识、安全技能，并把安全意识、安全理念渗入每一位成员的日常行为和思维方式之中，使安全成为班组的“班魂”。

20. 上海石化乙二醇班组打造安全文化“五字真经”

上海石油化工公司化工部乙二醇联合装置班组（简称“乙二醇班组”），管理两套环氧乙烷/乙二醇生产装置，年产环氧乙烷、乙二醇等化工产品60万吨，装置在生产过程中具有易燃易爆、剧毒、强腐蚀的高危特性。

近年来，乙二醇班组在装置的新建项目和技术改造过程中，分阶段、抓重点、有针对性地开展了“HSE 承诺”“节水减排、查漏除味”“查找身边的十大薄弱环节”等专题活动，并推行“学、查、训、练、评”的“五字真经”，增强员工自我安全保护和崇尚健康第一的意识，营造出一种“人人讲安全、事事重安全、处处保安全”的安全文化氛围，提高生产装置的安全建设与管理水平，确保生产装置的安稳长满优运行，并进一步提升了企业的经济效益。乙二醇班组因此获得“全国工人先锋号”的荣誉称号。

（1）第一个“真经”——学，推行学习的“五个渗透法”

乙二醇班组通过推行诵读渗透法、考试渗透法、典型渗透法、学习渗透法、媒体渗透法“五个渗透法”，不断以安全文化教育来提升安全管理水平，营造出班组安全建设的氛围。

诵读渗透法是在班前班后会上，班组员工诵读安全理念，班组长在先学一步、学深一步的基础上，向班组成员宣讲解读，并组织开展“为什么我要安全”“我、岗位、班组如何来保证安全”等讨论，使大家深刻领悟，铭记在心。

考试渗透法是让班组成员参加不同层面的安全生产、劳动保护、消防器材等的培训与考试，以检查班组成员对安全理念的掌握程度。

典型渗透法以中石化系统内部发生的典型案例为依据，形成实例引导，让正面典型得到宣扬，反面典型得以曝光，使员工真正从典型事例中得到启迪，促进渗透效果。

学习渗透法要求班组逢会必讲安全，学习必谈安全。学习渗透法以班组安全学习、网络安全教育、学习园地、领导干部形势任务宣讲等形式进行，让“安全第一、预防为主、综合治理”的思想深入人心。

媒体渗透法借助《化工通讯》《班组家园》等内部宣传媒体，展示班组在安全文化建设方面所取得的成绩。

多层次、全方位的安全生产、劳动保护等教育活动，使乙二醇班组成员实现由“要我安全”到“我要安全，责任在我”的跨越转变，也为员工的生命安全织就一张思想防护网。

(2) 第二个“真经”——查，开展“三个万”“三查找”活动

石油化工装置的“跑、冒、漏、滴”等现象，看似小问题，却隐藏着大风险。若泄漏的环氧乙烷在空气中体积分数超过3%，就可能引起燃烧爆炸，不及时处理将酿成严重后果。

为此，乙二醇班组开展“万米巡检无漏检”“万次抄表无差错”“万笔记录无涂改”的“三个万”活动和“查找身边的安全隐患、查找不讲职业道德的行为、查找习惯性违章操作行为”的“三查找”活动。针对潜在的事故隐患、习惯性违章等问题，班组按PDCA即计划（Plan）、实施（Do）、检查（Check）、整改（Action）原则制定出切实可行的措施，落实责任，付诸实施，跟踪反馈，直到整改完毕，形成闭环。2011年，乙二醇班组共查找发现隐患613项，全部完成整改，有效地避免或杜绝了事故的发生。

吴海潮是2号乙二醇装置的班长，一次，他在环氧乙烷精制塔附近巡检，几滴“小雨滴”飘落到他的眼镜片上。“没下雨呀！”常年养成的职业素养立刻让吴海潮警觉起来。他发现这些“小雨滴”在眼镜片上蒸发得似乎快了些。凭借多年与环氧乙烷打交道的经验，他觉得“小雨滴”不简单，有可能是生产装置中泄漏出来的环氧乙烷，便立刻爬上30多米高的精制塔上进行确认。果然不出所料，精制塔上有一盲法兰（用在两法兰连接处堵死管道、设备等的一块实心板）处正在泄漏，“小雨滴”就是环氧乙烷溶液。吴海潮立刻向上级领导汇报，并果断采取措施，避免了事态的恶化。

(3) 第三个“真经”——训，设立班组成员培训课堂

班组是安全生产的第一阵地，为提高班组的安全生产能力，乙二

醇班组坚持开展“班组课堂”活动，定期为班组员工授课。26位来自生产一线的技师、工程师、高级技师先后担任过“班组讲师”，仅2010—2011年，班组讲师授课就达104次，听课员工1 000多人次。授课内容包括安全事故剖析、生产预案分析、废水环保处理等。班组尤其重视加强对转岗员工、新进员工的安全生产知识培训，定期组织培训与考核，以尽快让他们掌握基本的安全操作技能。

担任“班组课堂”讲师的员工说，“班组课堂”体现了“小、活、快、灵、实”的特点，它可因需、因实、因求施教，讲课内容从实际出发，有利于提升一线人员的岗位操作水平，所以职工普遍反映良好。而一些听课的员工认为，“班组课堂”的内容贴近生产、有的放矢。讲师们在授课时把讲课内容与经常碰到的问题相结合，理论与实际操作相结合，讲授与提问、讨论相结合，实实在在提高了班组员工解决生产难题的能力。

(4) 第四个“真经”——练，坚持“三管齐下”日常练兵

乙二醇班组日常坚持以“仿真培训、网上练兵、事故预案演练”三管齐下的方式来提高员工的应急处变能力。

将5台普通的电脑放在一起，能创造出多少效益？这无从计算。但是通过安装特定的软件组成一套系统，其体现出来的整体效益是巨大的。这就是上海石化化工部在乙二醇班组安装的38万吨/年乙二醇装置动态模拟仿真系统，这套系统在国内化工过程动态模拟系统中属于首创，达到国际同等水平。据统计，一名操作人员通常需要6个月的常规培训才能掌握DCS（集散控制系统）操作，而在该系统上仅需培训1个月便可达到上岗操作水平。新建的2号乙二醇装置的全体操作人员正是通过仿真系统的训练，短时间内积累并掌握了操作经验，为新装置的开车一次成功并稳定长周期运行打下了基础。在不到一年的时间内，乙二醇班组收回13亿元投资成本，为公司提供了人

力资源保障。迄今，这套仿真系统已经培训了包括装置所有工序的120多名操作人员。

乙二醇班组还通过新购、置换等途径，千方百计地为班组配备电脑，使网络练兵具备必要条件。该班组通过建立题库，使过去单一不变的题目变为随机生成的题目，改变了过去练兵卡的练兵方式，让员工对原本枯燥的岗位练兵产生新鲜感，提高了岗位练兵的质量和实效。

同时，乙二醇班组每月开展班组模拟事故预案演练，在此基础上，组织开展以关键设备和重点机组突发性故障为主要内容的模拟演练，为装置的安全生产奠定基础。2011年，班组共有156人参加了模拟事故演练。

(5) 第五个"真经"——评，评选班组"安全卫士"

乙二醇班组每年结合"我要安全""将火灾赶出上海石化"等班组大讨论以及"安全生产月""我当班，你放心""我当一天安全员"等活动，组织开展"安全卫士"评选活动，使员工牢固树立起"我要安全""上岗一分钟，安全六十秒"的工作理念。

在直接施工作业环节上，乙二醇班组引入HSE风险评估；加强"三废"排放管理，开展JHA（危害辨识和分析控制）和清洁生产审计；注重职业卫生、劳动保护、现场作业场所的危害性教育，充分发挥各级员工在开展"标准化"操作中的积极作用，强化了作业程序和操作规程的规范执行。

乙二醇班组安全员金华提出，在装置每次进行设备大检修之前，各班组应事先对检修项目进行危害性识别，加强对检修项目承包商的HSE监督管理等。他的提议避免了多次事故的发生，促进了安全检修任务的顺利完成。为此，金华被评为中石化"安全卫士"。

金华主要负责两套乙二醇装置的全面安全生产和消防管理工作，

经常到一线班组参加安全学习，加强安全宣传教育，及时了解装置的安全状态。为确保1号乙二醇装置大修及技术改造顺利进行，金华着重抓好外来施工队伍的安全教育，制定“盲板一览表”“安全风险评估表”“用火作业填写规范”等各类图表。他每天早上7点便来到现场，为施工单位严格办理入塔、罐、槽、动火作业等单据，规范、指导施工单位填写用火作业票，随时提醒施工人员要注意的安全事项。开车之前，金华还精心策划并组织实施乙烯故障的事故应急预案演练，达到了“实战”效果，使整个大修及技术改造中无一起生产安全事故。2010年，乙二醇班组的装置设备大检修与技术改造齐头并进，由于事先对检修项目进行了危害识别，同时加强了对检维修作业项目承包商的HSE监督管理，把好外来施工队伍资质审查关，最终安全、按时、优质、高效完成了检修与改造任务。

不仅安全员重视安全管理，班组的其他成员也非常重视安全生产。两年内，乙二醇班组员工提出HSE合理化建议487条，填写HSE观察卡345张，有效地提高了班组的安全生产水平，实现了工伤死亡事故为零、重特大火灾爆炸事故为零、重特大职业病危害事故为零、重特大交通事故为零。

21. 第六工程公司铺架工班独具特色的“六到位”工作法

中铁十五局集团第六工程有限公司铺架工班成立于1988年，三十年来，该班组参加过许许多多重大建设项目，特别是在参建国内设计标准最高的京沪高铁过程中，围绕大型高新设备的安全施工，开展管理和技术攻关，形成一套独具特色的铺架工班安全管理“六到位”工作法，顺利实现从普通铁路施工到高速铁路施工的历史性跨越转型。2011年6月，铺架工班被中华全国总工会授予“全国工人先锋号”。

在铁路的建设施工中，铺架工班使用的高铁架桥机整个机身长64米，宽16.8米，高10.6米，重510吨，可以起吊架设900吨重的32米箱梁。要操纵好巨龙式的架桥机，需要班组成员密切协作完成36道工序，如某个环节出现疏忽，都可能造成掉梁、机翻、人亡的重大安全事故。为掌握运用好这一大型高新设备的架设施工技术，铺架工班在沿用以往安全铺架施工经验的基础上，组织骨干力量进行安全攻关，经过施工现场反复实践，逐步形成了铺架工班安全管理“六到位”工作法。这一工作方法受到行业专家的高度称赞，曾荣获“全国班组安全管理优秀成果”特等奖。

（1）明确到岗，责任到人，安全目标到位

铺架工班在班组成员中实行定岗定责，设立岗位安全目标。根据实际情况，班组对工班的指挥员、安全员、作业班长、运梁车司机、架桥机司机、机钳维修工、电工等10个工种的30多个岗位，制定每个人员的岗位职责，再对班组各岗位进行安全操作责任划分，使班组安全工作明确到岗，责任到人。同时，班组为每个岗位的人员制定严格的安全目标，并将其醒目地印在每位员工的上岗证上，时时提醒自己，保证工班全体员工“在岗一分钟，安全六十秒”。

以现场指挥员为例，他的岗位要求及职责是“负责运梁、吊梁、支点装换移梁对位等具体指挥”，他的安全目标是“操作过程安全可控、无安全隐患”。而架桥机司机的岗位要求及职责是“负责架桥机的操作与养护，熟悉设备及起重工作的基本原理和要求，熟悉操作方法”，安全目标是保证“架梁过程安全可控无隐患”。

（2）进行理论和实践考核，安全培训到位

正式上岗前，铺架工班对每种岗位的员工进行至少一周的岗前安全知识培训，并着重对运架设备安全操作规程等重点内容进行理论和实践两个方面的考核。班组成员不分资历，只有考试合格后才能上岗。上岗后，铺架工班还会组织工班人员开展每周一课的安全事故分析和架桥机倾覆、桥梁架设掉梁等铺架事故的桌面应急救援操作演练。通过各项活动的开展，铺架工班人员施工生产中的安全防范意识和安全操作技能不断增强，使“安全第一，预防为主，综合治理”的思想深入人心，落到实处。

(3) 查设备、查人员、查环境，安全检查到位

铺架工班在班前始终坚持实行“三查”制度，即查设备、查人员、查环境，以尽可能地消灭事故隐患。

1) 查设备。为保证构造复杂的大型运架设备安全有效运转，铺架工班制定了严格的运架设备检查制度，分为日常检查、强制检查、定期检查和不定期检查4种，还要求按照日、周、月、季、半年运架车检查保养表进行检查。表中详细列出机械安全事故的检查项目及内容，如连接螺栓是否紧固，接触器、继电器触点有无损坏，液压系统是否有滴漏渗油情况等。每班在设备使用前，由两名安全检查人员按照检查记录表逐项核对，发现问题及时汇报给班组长，由班组长安排相应维修人员进行维修，所有问题全部解决后方可使用；如果遇到重大问题，还需及时向上级领导汇报。所有检查必须如实填写相关记录，责任人和检查人员均要签名确认，承担相应责任，以确保设备始终处于良好的运行状态。

2) 查人员。除检查设备的安全状况，铺架工班在作业前还要分3步检查班组人员的安全状况。首先，检查班组成员的精神和注意力状态，通过岗前班会的讲解和提问安全注意事项进行了解。对精神状态不佳或者带病带情绪上岗的人员，查清原因，及时调整。其次，检查班组成员的工作服以及劳动防护用品穿戴是否符合规定。对不符合规定的人员，提出批评，及时纠正。最后，检查班组成员的操作工

具、通信工具能否正常使用。对不能正常使用的，及时进行更换。3个步骤的检查，为班组成员安全上岗做好准备工作，有效地杜绝因人员主观疏忽大意而造成的事故隐患。

3）查环境。铺架工班的大部分工作都在露天进行，所以在班前，班组长要负责检查施工环境，记录日环境检查记录表，在班前会上提醒班组全体人员知晓和遵守在大风、雨雾、雷电、冰雪等恶劣天气或夜间施工等环境中的施工安全注意事项，以保证在各种施工环境下的安全施工。

（4）形成自己的“三卡”控制，安全操控到位

安全操控到位是指铺架工班运用“一法三卡”工作法，卡控“三违”现象。“一法三卡”工作法是江苏省总工会在化工行业推行的预防事故隐患及职业危害的有效方法。中铁十五局集团六公司铺架工班结合架梁实际工作，对“一法三卡”工作法进行吸收、提炼和再创新，形成自己的“三卡”，即危险源点警示卡、安全操作提示卡、工序安全签字卡，实现“源头有警示、操作有提示、过程有控制”，杜绝现场违章指挥、违章操作、违反劳动纪律的现象发生。

1）危险源点警示卡。铺架工班的操作人员从人、机、环境等方面入手，对架梁施工中的作业场所和岗位的事故隐患、职业危害进行排查、辨识、确认、分类与评估，最终确定三级56个重点危险源，并对每个危险源点建档立卡，明确监控措施和责任人，制作警示牌放置在施工现场，告知具体作业人员应注意的事项。

2）安全操作提示卡。为时刻提醒在岗人员按章操作，铺架工班将各个岗位的安全操作规程制作成“名片式”的安全操作提示卡，要求员工将安全操作提示卡与岗位工作证一同携带上岗，并进行岗位自查和安全操作自我提示，时刻保持警惕性。

3）工序安全签字卡。铺架工班通过对架梁施工中安全操作的排

查和确认，将安全卡控的主要工序和重要环节划分为36项。在每孔梁的架设操作过程中，铺架工班明确要求：上一工序完成，必须经检查确认，现场责任人在工序签字卡上签字，才能转入下道工序和操作环节。铺架工班推行工序签字与安全奖金挂钩的方法，不签字即认为没有完成个人安全工作。在这项制度的推动下，铺架工班形成了良好的工序安全检查和签字习惯，有效杜绝工序衔接中的事故隐患。

（5）开展“工班安全回头看”活动，安全总结到位

在每班作业结束后，铺架工班坚持开展“工班安全回头看”活动，指定责任人按规定对设备进行日常维护保养，做好每班安全日志。在班后总结会议上，除班长对班组安全操作情况进行讲评以外，工班每位成员都有权利和义务对班组整体的安全操作情况发表意见。通过开展“工班安全回头看”活动，班组形成了“人人想安全，人人讲安全”的良好氛围，班组及时总结有关安全的好人好事，批评违章作业、忽视安全等不良现象。

（6）丰富班组员工的文化生活，安全保障到位

铺架工班认为搞好班余生活也是安全生产工作中的重要部分。因此，铺架工班坚持科学合理地安排班余时间，不断丰富员工的文化生活。为给班组成员提供一个健康舒适的班余生活环境，铺架工班在施工一线积极开展内容生动、活泼多样的“建线建家”等活动，尤其在对待铺梁工班中农民工的各项待遇上，实行与正式工“七个统一”，即“教育培训统一，住宿条件统一，就餐标准统一，工资发放统一，用工管理统一，评先奖励统一，组织生活统一”，使班组全体成员能够团结向上，以良好的状态、充沛的精力投入工作，实现体面劳动、快乐生活，最终保证生产安全。

中铁十五局集团六公司铺架工班在实践中不断探索、总结、提炼的安全管理“六到位”工作法，犹如六盏明灯照亮铺架施工中的安

全大道。铺架工班运用“六到位”工作法，已安全、优质、高效地完成了达成客专、武广客专、京沪高铁等多项国家重点工程的铺架任务。尤其在京沪高铁铺架施工中，铺架工班还连续创造了6天架梁30孔，单班14小时铺轨12千米、焊轨48个接头的高产纪录，获得京沪公司18次绿牌奖励，并掌握了500米长轨铺设、移动闪光焊接等多项高新技术，为京沪高铁创造运营试验段486.1千米/小时的世界铁路最高速度提供了安全保证。

22. 丰台机务段“毛泽东”号机车不断完善安全值乘作业法

“毛泽东”号机车诞生于1946年10月30日，于1949年3月落户北京最早的机务段——北京铁路局丰台机务段。从蒸汽机车到电力机车，“毛泽东”号机车见证了中国铁路事业的发展，先后9次率先突破全路机车安全走行百万千米大关。截至2015年10月29日，“毛泽东”号机车已经连续安全走行1 000万千米，被誉为“火车头中的火车头”。

2014年12月25日，“毛泽东”号机车从货运转变为客运，承担北京至长沙的T1/2次的旅客列车任务，途经1市4省，总运行1 593千米，运行时间16小时41分。

“毛泽东”号机车组现有20人，后备队员8人，平均年龄30.4岁，4名高级技师。自2013年开始，“毛泽东”号机车组便建立起以毛泽东主席诞生年“1893”为目标的人才培养计划，即：“1”，班组高级技师中的首席技师动态保持在1人左右；“8”，班组技师、助理级专业技术职务及以上人员动态保持在班组现员的80%；“9”，班组人员学历90%达到大学专科及以上；“3”，班组每年向管理岗位、指导司机岗位、技术岗位动态输送3人左右。高水平、高素质的机组人才，保障了“毛泽东”号机车的安全运行。

（1）30 字作业法，保值乘安全

“毛泽东”号机车的运行线路和时间都很长，北京至长沙，从北到南，适应不同地区的环境变化是司机们的基本功。“毛泽东”号机车组司机长刘钰峰告诉记者，“自 2014 年‘毛泽东’号改为客运后，司机们的安全压力更大了。火车一旦操纵不平稳，就容易出现问题。特别是当旅客手拿方便面去冲泡的时候，如果火车突然加速，那么旅客就有被烫伤的风险。”

为了避免类似情况出现，“毛泽东”号机车组特别编制了 30 字电力机车安全值乘作业法，简单易记，帮助司机们在出勤、接班、出库、发车、运行、到达、交班、退勤等环节的安全操作。

1）出勤时，“毛泽东”号机车组要求做到“早、阅、定、核、听”。

“早”是指司机按照规定着装，带齐相关证件，提前 10 分钟到达调度室签到，接受酒精含量测试，向出勤调度员领取报单、司机手册、运行揭示。

“阅”是指机班人员要认真阅读有关揭示、通告、上级指示，将重点记入司机手册。机班人员将领取的运行揭示与公示的揭示进行核对，把重点内容在司机站签名处及交付的揭示上予以标注，并相互签认，做到清楚无遗漏。

“定”是指开好小组预想会，结合实际制定保证安全正点的作业措施。刘钰峰表示，这项工作是出车前保障安全的重要一环。乘务员在每次出车前都有安全手账，并结合当天的情况研究相应的对策。比如当天有大风，机班人员应注意线路瞭望，观察接触网的状态。刮风会导致塑料布飞起，挂到接触网上，“毛泽东”号机车运行速度达到 140 千米/小时，如果不能及时发现接触网上的塑料布，其一旦带起材质很软的受电弓就容易出现机车停电。如果机车停电，就会导致旅客列车没有通风、停电、没有热水、不能使用厕所等一系列的后果。所以，每次乘务员出勤时都会根据当天的天气情况进行预想，并且不间断地瞭望，一旦发现异常现象及时进行短时间的断电、降弓，避免碰到塑料布，机车过去之后再供电、升弓。

2）在运行过程中，“毛泽东”号机车组要求做到“防、盯、控、稳、呼”。“防”是指适当撒砂防空转，稳提手柄防超速，起动平稳加速快，安全正点创条件。“盯”是指盯住信号、线路、接触网、分相绝缘区及标志。严格执行“一盯住，二确认，三呼唤，四手比”的制度，做到车动集中看，瞭望不间断。“控”是要做好自控、互控。司机要正确操作，每个区间确认一次操纵台各仪表、信号灯的显示。单司机值乘按规定做好交接，发现问题及时汇报，妥善处理。机车通过集中区、限速地点、天气不良及其他非正常情况时，恢复双人值乘。“稳”是要求司机做到平稳操纵，根据线路纵断面、分相位置、线路道岔允许速度、列车编组、天气情况等合理操纵列车。按规定试闸，做到调速无冲动，进站稳，停车位置准。“呼”是要求司机严格执行联控制度，做到主动呼叫、用语标准、通话简洁、记录准确。

火车司机在运行过程中不仅要开车，还要进行呼唤、手比。呼唤是指在火车路过每一架信号机时都要喊信号，确认信号显示。在过站的时候，司机要喊“过站，单起立”。从北京到长沙的单程就有1 000多架信号机，每架信号机都有公里标，在呼唤的时候要确认色显，要知道是绿灯、红灯、黄灯，然后两位司机相互提醒、相互复验。

火车运行时，司机在操作室中的操作和谈话会通过摄像头和录音笔记录下来，每次出车回来之后，机车组都会分析乘务员作业不规范的情况、存在的事故隐患，比如坐姿不正、两人是否同时低头等。一旦发现影响行车安全的问题，丰台机务段就要对其进行考核。

（2）技能考核，出其不意

除了利用班前会等时间进行常规培训外，“毛泽东”号机车组还会在意想不到的时间考察司机的隐患排查、平稳驾驶等技能。司机在出车前都要详细地检查机车情况，并签字确认。机车组就经常在这时考察司机检查机车质量的能力。在完全不告知的情况下，机车组会拿一个小标志贴在机车的某一个位置，观察司机是否能够发现它，如果没能发现就要对司机进行培训教育。

如果碰到极端天气，车队或者支部会专门派管理人员到机组考察当班司机的准备情况，询问司机是否了解这种天气下的行车措施，担当的线路里有没有限速或施工。当班司机了解了所有内容并拿好全部东西后，才能出勤。

另外，机车组还会安排临时的检查。比如，司机长或其他检查人员会在不通知司机的情况下，在某一站上车，在列车上实地检查司机的安全行车能力，以此提高司机的安全意识。

“毛泽东”号机车组要求全列起动平稳、加速均衡、停车对标，确保稳准妥。类似停车时门没对上标线的失误，在铁路上被定义为D类事故，要扣分，发生事故苗头（隐患）就要扣6分。每位司机每年有12分，12分都被扣完之后就要重新培训学习。

根据丰台机务段的规定，每月机车组要组织不少于3次的应急故障处理培训。“毛泽东”号机组通过平推、模拟机训练等方式学习。班组成员聚集在一起，运用画图、发言等方式解决非正常情况，一个人说，大家听，之后提出问题再改正。平推后签字确认，没完成的要签字，再找时间继续操作。类似的应急故障处理培训，班组每个月都要操作一次，从而熟记在心。丰台机务段还有模拟仿真培训，在不通知机车组的情况下，找一些东西放在运行线路上，训练司机的观察能力。

（3）机车检修“拿猫当虎斗”

丰台机务段检修车间有一支“毛泽东”号机车专检组队伍。这个班组由检修车间主任杜福玲亲自带队，共有20人，全部是从其他班组抽调出来的技师。这些组员平时在各自的班组中工作，每次机车回库后，杜福玲会安排5个人，由工长带队，车间副主任以上领导指导，对机车的上部、中间、走行部及两个司机室5个部位进行专检。

每次专检班组都要求组员们落实“三位一体”，即作业者之间要进行互检，工长对作业者要进行检查，车间副主任要对作业者进行检查，确保每次检修的高质量。

“毛泽东”号机车由于机组人员保养到位、专检组组员检修及时认真等原因，至今未出现过大问题，每次检修主要是维护零部件。但是，在一次检修中，机车的侧面标志灯进水，导致照明回路接地，进车间几次维修都没有效果。照明回路接地会造成短路，可能出现某处漏电，影响机车运行。专检组一名技师将灯拆开，发现是胶圈处进水，才通过加胶解决了问题。

专检组组员都是小发明小创造的好手。“毛泽东”号机车使用的风源净化器是制动系统的关键配件。空气制动的过程中不能有水，金属遇到水生的锈掉到管路里面可能导致制动失灵。而制动时的风源都是从风源净化器中提供的，一个净化器需要4万多元，而找厂家维修一次就要花费2万~3万元，且很少有厂家愿意修理。为节省开支，专检组制作了一个74伏的检修试验装置，自己对净化器检修，一次仅需要花费几千元的成本。

现在，专检组跟运转、整备车间都紧密联系，机车在运行过程中如果出现问题，专检组都会提前知道、提前做准备。由于“毛泽东”

号机车都是专用配件，这样的联系减少了零部件的订制时间，检修出的问题当天解决，做到零隐患出库。

23. 戚墅堰机车公司机械维修班安全工作标准化作业法

地处江苏省常州市的戚墅堰机车有限公司创建于 1905 年，是一家拥有百年历史的企业，被誉为中国铁路客货运输主型内燃机车研发制造基地、中国铁路 6 次大提速的动力先驱。

对于火车动力的提升，戚墅堰机车有限公司下属的动力公司有着突出贡献。而为保证动力公司所有机械动力设备及设施的正常运转，机械维修班则是“幕后英雄”。

（1）工作特性催生作业标准，作业标准形成行为准则

机械维修班负责动力公司所属机械动力设备及设施的维修，涉及液氧站、给风站、蒸汽站、给水站、丙烷站、降压站、污水站。这些岗位的特种设备多、特殊介质多、受限作业多，介质又存在高温高压、易燃易爆等特性，工作中稍有不慎，极易发生火灾爆炸、中毒、机械伤害等严重事故，危及人身及设备安全。为减少检修过程中的伤害，如带压检修机械伤害、立体交叉作业物品坠落打击伤害、登高作业高处坠落伤害、容器内部作业人员窒息伤害、人员入池入坑作业中毒及窒息伤害、违章动火的火灾爆炸伤害、违章带电作业触电伤害等，机械维修班制定了作业标准，使危险源处于受控、可控状态。

动力公司机械维修班把经常要做的事，且公认为好的、成熟的做法固化下来，组织编写了《动力设备检修安全工作标准化》一书，旨在通过作业标准化，形成大家共同遵守的行为准则。这本书切合实用、效果显著，在动力公司得到全面推广。

（2）设置科学合理的操作流程，消除各种安全事故隐患

实施动力设备检修安全工作标准化的目的，是消除人的不安全行为、物的不安全状态、管理上的缺陷，实现安全生产无事故。在具体检修工作中，为了保证安全检修目标的实现，在人员作业程序上，该班组设定了标准作业法，即7个标准、2个流程、9个过程。

7个标准依次为《管理制度标准化》《设备检修工作标准化》《设备和管道检修工作票管理规定》《节假日设备检修安全工作标准化》《机械动力设备检修技术标准》《设备检修安全应急预案》和《绩效评价标准化》。

设置这些标准的着眼点，还是为了保证安全。例如，《管理制度标准化》不仅包括公司的管理制度，还包括相关的国家标准、行业标准等；《设备检修工作标准化》是为了保障设备检修的质量；《设备和管道检修工作票管理规定》是为了加强班组之间的沟通协调，要求检修人员到班组检修，要凭票作业；而动力设备检修大多是在节假日进行，所以设置了《节假日设备检修安全工作标准化》。

2个流程：一个是从质量出发，涉及从接到任务单到交付班组使用的设备检修工作流程；另一个是从安全出发，专门针对节假日设备检修的安全工作流程。

维修作业中的9个过程，主要内容如下：

第一步是任务来源，主要有常规的月度计划检修和偶尔发生的故障检修。比如，班组发现阀门使用不良后向分管技术人员报告，技术人员查明情况后，在准备好阀门备件的同时，通过调度员把任务下达到检修班组。这就是第一步，检修任务的来源，属于故障检修。

第二步需要进行危险源辨识，制定相应的安全措施。下达任务后，检修人员与技术人员一起，商量确定检修方案。对于阀门检修或更换液氧储罐的工作，安全检修措施一是将储罐排空卸压，使其内部压力为零；二是检修人员必须防冻伤；三是阀门必须经过彻底的清洗除油脱脂。

第三步是办理检修前的相关手续，如办理检修工作票。这是为了向使用班组说明检修人员、检修时间、检修内容及需要班组配合的内容等。另外，涉及动火作业的，还要进行动火报告；涉及有毒有害作业的，也要进行审批。

第四步是检修人员与设备使用班组办理检修工作票交接手续，使设备使用班组明确需要配合的工作。

第五步是检修班组根据当天的检修内容、应采取的安全措施等，进行班前安全喊话，强调安全注意事项。

第六步是加强关键节点的安全管控。前面5步都是检修工作之前的准备工作，当开始检修时，要根据危险源辨识的关键节点进行安全管控。例如，液氧储罐阀门检修或更换前，需排空卸压。这一步要有站房操作人员签字，确认已排空卸压，再由检修人员复查排空卸压，并签字确认后，才能进行检修（拆阀门）。同时，还要对管口进行封堵以防冻伤。更换新阀门时，检修人员必须对其进行彻底清洗，完全地除油脱脂，并签字确认，再由技术人员复查并签字确认。

第七步是过程监管。由中间检查员和安全监督岗人员，分别对检修质量和安全作业进行全程监管，及时发现、制止各种违章违规行为，确保检修质量和安全。

第八步是设备检修完毕后，需经承修人自检，中间检查员、分管技术人员及设备使用班组检查验证合格，并填写相应的验收记录表单，分别签字确认后，方可办理交接。

第九步是绩效评价，依据检修过程及竣工验收情况，提出考核建议。

（3）做好培训监管考核工作，纠正图省事嫌麻烦的坏习惯

机械维修班的作业过程和要求严格而细致，对于保证班组和人员

作业安全起到了积极的作用，但是毋庸讳言，这套作业方法比较“烦琐”，这样就使熟悉了老做法的班组成员，一时不能习惯，并由此产生阻力。

为了消除作业标准化实施中的阻力，该班组采取培训、监管、考核的新办法。新办法出台后，班组组织成员认真学习，让他们明白自己应如何操作；学习后，班组成员并不一定会自觉执行，这就需要过程监管，如关键节点的签字确认制度；在执行过程中，效果有好有坏，这时就会根据结果进行考核奖惩。

如何有效地监管、考核呢？该班组的独特做法是，对于需要两人共同确认进行的作业，以录音的形式完成。录音里说明操作人和操作时间，另一人重复确认后，方可真正操作。这样监管时，抽查录音即可，避免了本该两人作业、实际只有一人作业的情况。由于班组大多是四班三运转的倒班形式，很难在某一时间将大家都聚集在一起开会，该班组就将每月的考核结果全文刊登在公司的《生产经营周报》上，并详细注明奖惩的依据。

《动力设备检修安全工作标准化》自 2009 年实施以来，取得了明显的效果，机械维修班每年的检修项目虽然有 200 余项，且内容多、涉及面广、施工复杂，但由于工作标准明确、工作流程清晰、工作过程得到有效管控，已实现连续多年安全生产无事故。

24. 中石化华东分公司洲城联合站创建“五星站库”的做法

洲城联合站位于江苏省姜堰区溱潼古镇，既是中石化华东分公司最大的油田联合处理站，也是华东分公司采油三队的生产枢纽，担负着锅炉、集输、装卸油三个岗位。洲城联合站有员工 24 名，女工占总站人数的 80%，是一支名副其实的“娘子军”，并且是唯一由女将挂帅的班组。

洲城联合站担负着来自 18 个油田区块所产原油的净化外输、油田污水处理、回注、供热等多种任务。近年来，联合站的原油处理量逐年递增，在不增加人员的情况下，站区合理安排工作，依然保持着安全平稳运行，连续五届被评为中石化五星级站库。

（1）强化现场管理，做好设备和制度规范

洲城联合站集油气集输、原油处理及外销、污水处理及回注、配电、供热、消防六大功能于一身，承担着采油三队 18 个小油田的产液处理任务，工作繁重，技术要求高，流程工艺复杂，生产环节繁多。为了在站区工作增量不增人的情况下，仍保持安全平稳运行，洲城联合站首先从强化现场管理入手，做好规范、制度上墙，并且保持及时更新，使站区工作有章可循。

首先，洲城联合站在生产过程中把握“四严格”：严格安全生产制度，严格交接班制度，严格巡回检查制度，严格控制运行参数制度。洲城联合站定期开展设备状况监测和分析，合理调整设备参数，确保设备高效运行。在安全工作中，联合站健全了班组安全、环保、消防等管理制度，及时开展安全教育等各项活动，进行应急预案的演练，以提高员工的安全环保意识，加强联合站的安全管理。

其次，洲城联合站还在作业现场实施“2111”安全工作法，即“两会、一书、一牌、一卡”。“两会”是指召开班前班后会、HSE 会议，“一书”指 HSE 作业指导书（如锅炉岗作业指导书），“一牌”指风险源点控制牌，“一卡”指危险化学品安全周知卡。通过这种目视化形式，现场安全管理效果明显提升。

在职业危害因素排查与检测方面，洲城联合站构建了三级监控网络，即职防中心、采油厂以及站区的检查。为了提高检测水平，职防中心在站区利用双气路智能大气采样器等多种先进仪器，使用国标法采样，样品收集后统一送入化验室检验，取代了原来现场直读法检测，提高了检测数据的准确性。

对注水泵房、掺水泵房和微生物污水处理风机房等噪声高达80分贝的工作区域，洲城联合站安装了一系列消音器材，使噪声得到了有效控制，每季度检测的结果，比改造前的噪声下降了近10分贝，改善了职业卫生环境，保障了员工的身心健康。

(2) 优化设备管理，确保安全可靠运行

由于工作性质特殊，设备的安全运行对环境提出了很高的要求，而洲城联合站站区内储罐、油水管线腐蚀严重，不仅给安全生产带来隐患，还造成了环境污染。为此，洲城联合站一方面强调设备的基础保养，提出“零故障、零缺陷、零事故”的管理目标；另一方面建立和完善以状态检修为主的预防维修制度。站区对三相分离器、注水泵、锅炉等重点设备进行重点照顾，设备的安全附件按时检测和送检，确保其安全可靠运行。

在日常管理工作中，站区按照“十字”（清洁、润滑、调整、紧固、防腐）要求进行设备的维护、保养，并把设备的日常保养承包到每位职工，有效地杜绝了跑、冒、滴、漏、锈、松、缺、脏等现象。

2014年10月，洲城联合站针对腐蚀严重的8号、9号罐前流程及老罐区部分蒸汽管线进行整改维修，并开具二级动火票。联合站在施工时采取了多项安全措施，一是安排检修管线流程的吹扫，合理加入盲板进行安全隔断，配备消防器材；二是严把动火关，每项设备管线第一次开口动火时，要求安全员、监护员同时到场，确认所有盲板安全可靠，标出动火位置，确保开口动火作业安全；三是认真填写和办理作业票审批、复查，对施工动火人员要求“三不动火”（没有批准的用火许可证不动火、防火监护人不在现场不动火、防火措施不落实不动火)，按照检查表进行危害识别，做好灭火措施准备，顺利完成这一整改工作。

为做好管线的维护工作，洲城联合站定期在管线流程里加入一定浓度的缓蚀剂、阻垢剂等，减缓管线腐蚀和结垢。同时，联合站还注意对掺水流程的温度和压力进行控制，夏季温度一般控制在40℃左右，冬季温度控制在55℃左右，这样既达到节能减排、确保管线安全运行的目的，又避免流程堵塞，影响采油生产的正常运行。

(3) 推行“点项管理”，提高班组安全水平

针对生产和工艺流程的特点，洲城联合站推行“点项管理”，在站区六大系统的21个点安放点项管理牌和巡检钟，明确101项安全标准和要求，每两小时逐点检查、记录重要部位的运行情况。联合站通过“点项管理”进行全面检查，掌握整体情况，记录发现问题，及时排除和解决隐患。

同时，在“点项管理”中，洲城联合站还完善了“员工—岗位—站长”的管理程序，明确工作责任和工作标准，形成岗位员工“发现问题—记录问题—站区汇报—相关人员处理—岗位员工确认—反馈”的管理流程，做到了“谁上班谁负责”，完成了从“要我安全”到“我要安全”再到“我会安全”的思想转变，避免习惯性违章，进一步提高了员工自我规范、自我识别、主动防范、应急处理和排除隐患的能力。

洲城联合站站长需要每日、每周、每月定期进行检查，将可能存在的风险、危害及隐患列举出来，并对每项风险、危害和事故隐患进行分析，制定相应的风险削减措施。

(4) 实施班组“平衡管理”，促进队伍建设

“平衡管理”能够合理调配站区资源，培养“一专多能”职工，包括平衡知识水平，让大学生与岗位员工形成知识互补；平衡操作实

力，兼顾操作技术和力量，岗位调配注重新老搭配；平衡政治素质，发挥党员示范作用，建立起党员领军的安全生产示范岗。新工人、新转岗工人进站后，首先要与指定的技术老师傅签订“师徒结对”合同，明确培养目标、学习计划及考核奖惩条文。

2014年是中石化员工素质提升年，洲城联合站制定了员工素质提升实施程序，根据时间安排和工种，分批组织岗位员工学习掌握安全生产操作规程和技术标准，以及消防设施、器材等各种工具的运用。同时，联合站还制订了应急预案年度计划并进行模拟演练，以提高员工在本职岗位的动手操作能力和生产过程中简单故障的分析、判断、解决能力，以及在操作上的风险识别、评价以及应急处理能力。这样，员工的素质得到整体提升。

“平衡管理”使洲城联合站的整体水平，无论是从工业卫生、站区环境方面，还是业务素质、技术能力方面，在基层班、站中稳居上游水平。

（5）强化监督检查，消除管理漏洞和事故隐患

检查是监测管理漏洞和事故隐患的重要手段之一。洲城联合站为消除各种事故隐患，除配合上级检查外，还根据自身特点和岗位实际进行自查，内容包括站长日查、抽查，职工的班检和2小时段的巡回检查，交接班检查制度，强化关键装置、要害部位及设备的安全监控。

在工作过程中，员工也需留意设备及周围环境有无异常情况，落实站区管理、安全措施，保持劳动防护用品穿戴完好，及时消除流程、设备、员工等在生产过程中存在的不安全因素，发现苗头及时整改。

岗位之间进行互查，要求互查和交接班检查到点到位，从源头上消除事故隐患。另外，按照点项检查要求，定时、定点对生产的重要

部位进行全面检查，掌握情况，记录问题，排除隐患。

在作业现场管理工作中，洲城联合站充分发挥作业大队下派监督人员的作用，借助其丰富的工作经验，既加强了作业现场的安全监督，又提供了业务技术保障；既方便了生产运行，又提高了工作效率；既保证了作业质量，又带动了大队职工共同进步。

25. 北庄油库维修班组如何获得的班组安全建设一等奖

中国石油化工集团北京石油分公司北庄油库于 1979 年正式投入使用，占地面积 17 195 平方米，总罐容量为 8 000 立方米，储存油品为柴油，全部通过管道输送。为了确保油库的安全运行，油库配有 1 个维修班组。

北庄油库维修班组共 8 人，包括班长、电工、维修工及设备档案管理员 4 个岗位。人少，活儿却不少，在每天忙碌的工作中，他们凭借其创新、钻研的精神及高度的责任感，获得了 2015 年全国“安康杯”竞赛全国企业班组安全建设与管理成果展示活动一等奖。

(1) 面对大大小小几十种设备，人人都是“多面手”

阀门、泵、油罐、流量计、电液阀、监测性仪表……北庄油库有大大小小设备几十种，作为维修班组的一员，只会修理一类设备是远远不够的，因此，维修班组的成员人人都是“多面手”，以适应作业的实际需要。

除了维修，设备的日常保养也是维修班组的主要工作之一。8 个人如何保障几十种设备的安全运行？这是维修班班组长张跃廷的一项难题。经过多次探索，张跃廷要求班组成员对全部设备进行周期性的检查并且增加日常巡检的次数。每年季节变化的时候，维修班组都会提前对北庄油库内的设备进行全面检查。夏季着重观察设备的防雷、防雨性能，冬天要看看单通阀、过滤器、管线等的防冻情况，春秋时节要确保电缆的绝缘能力、接地的稳定性等。

在日常的工作中，张跃廷作为班组长，总是充当老师的角色。每隔一两天，他就会带着全体班组成员一起巡检油库，对照着每一种设备，将问题一个个说清楚，让班组成员全面了解各种设备的运转性能及维修方法。例如移动泵，在使用之前要先检测泵的情况，没有问题才可以推到相应位置使用。天气变冷后，每次用完都要把泵内剩余的水排出去，不然在冬天泵会被冻裂。

张跃廷的认真影响了整个班组的成员，大家对于设备的维护保养更上心。北京石油分公司规定，维修班组每天都要对设备的情况进行一次巡检，而北庄油库维修班的组员们每天至少对设备巡检两次。组员们在油库内走动得多了，各个设备的位置、运转状况自然就牢记于心。就连办公场所中暖气及电气开关的位置、设备上每一个小螺钉是否拧紧，维修班组成员们都清清楚楚，减少了事故隐患。

（2）结合岗位应知应会，用“四个清晰”保安全

仅仅是设备管理这一项，北庄油库就制定了 30 条制度及规范要求。如何保障这些制度能够不打折扣地落实，维修班组提出了设备管理“四个清晰”的规定。

“细责任，运作清晰”是张跃廷提出的第一点要求。张跃廷将每一位班组成员的岗位职责清晰划分，并且让班组成员明确各自的工作内容。一旦出现问题，与之相关的班组成员就会主动去解决，不会出现责任推诿、分工不明的情况。

“严管理，规范清晰”是指设备保养、维护要通过台账记录规范管理，另外还要加强制度的学习。在每天的晨会上，张跃廷都会利用 5 分钟的时间，给班组成员讲解一部分的制度，当全部制度学习过一遍后，又会重复再学习一遍。就这样，通过日复一日的学习，班组成

员都逐渐明晰了各项制度要求以及设备的操作流程，严格执行北庄油库的管理制度。

油库是一个对安全生产要求很高的地方，所有的员工都必须要有安全意识，并按规定操作。为了促进员工技术水平的提高，北庄油库设立了“岗位练兵台”，帮助员工记忆制度和规范流程。“岗位练兵台”通过设置“一日一题”“一周一练”等栏目，每天出一道小题，每周出一道大题，员工在每天上岗前先答一道题目。这种方式巩固了制度和技能的学习。北庄油库内各班组每个月还会组织笔试和实操的综合考核，成绩最好的班组成员可以被评为“月明星”，通过“岗位练兵台”公示，这也是员工未来晋升的一项考核标准。

维修班组还会结合岗位应知应会和应急处理等内容，不定期在班组内部举行技能比武活动，提高班组成员的操作水平。

“精维护，状态清晰”要求班组成员及时监控设备的运转情况，按照规程定时保养，努力实现操作标准化、本质安全化、运行合理化的要求。

“勤巡检，过程清晰”要求班组成员在把握设备隐患和故障发生规律的基础上，坚持做好设备巡检和抽检，每天至少检查两遍，将发现的隐患进行记录，便于整改和复查。

北庄油库维修班组在隐患排查治理方面也有一套简单易行的工作方法。每次进行设备的隐患排查治理之前，班组都要先制定一个检查表。这个检查表根据不同设备容易出现的不同问题，逐条列出检查细则。除了文字叙述之外，还以配图说明的方式，将设备的完好状态及出现隐患时的情况分别表示出来，图文对照，使隐患排查更加直观。

北庄油库每周检查一次，物流中心每月检查一次，北京分公司每季度检查一次，中石化每半年检查一次，如此高频率的检查大大减少了北庄油库各设备的安全事故隐患。

(3) 小发明大作用，解决难题消除安全事故隐患

在做好设备检查保养的同时，维修班组还善于针对油库设备出现的各种“疑难杂症”，认真研究、改造，不仅解决了难题，消除了安全事故隐患，还为北庄油库节省了不少费用。

发油鹤管是石化行业流体装卸过程中的专用设备，是一种可以伸缩移动的管子。油罐车装油时，要将鹤管伸入油罐车内部，通过管道输送的方式将油输送到装油台，再装入油罐车内。此时，鹤管必须处于固定的状态，如有松动就极易引起柴油外泄，造成安全事故隐患。北庄油库属于物流中心，发油量很大，因此鹤管的使用也十分频繁。

生产厂家制作的鹤管是采用夹板夹住管壁固定的方法，但是由于使用频率较高，没过多久管壁固定处就会打滑，导致夹板无法将管壁夹紧，发油过程中鹤管经常松动。一般的生产厂家都不会维修、更换小部件，因此一旦出现夹板不紧的情况，就要更换整个鹤管。

为了从根本上解决此问题，维修班组员工自己动手，利用工作中的管材边料和弹簧等装置，研究、设计并制作出了新的鹤管固定器。通过在鹤管伸缩管上打孔，并加装弹簧和插销装置，将鹤管牢牢固定住。用张跃廷的说法就是，以前的鹤管是皮带只有锁头，现在的鹤管是在皮带上打了一排圆孔，可以随时调节位置，锁得更牢，使用时间也更长了。

对于维修班组的创新性贡献，经济效益上十分显著。以前的鹤管平均一年就要更换一次，北庄油库共有 4 个鹤管，平均每年更换的费用为 2 万元。中石化北京石油分公司共有 9 座油库，仅仅每年更换鹤管的费用就达到了几十万。维修班组的创新成果不仅延长了鹤管的使用寿命，排除了作业现场的安全事故隐患，还大大降低了公司的开销。

26. 大型铸锻件研究所金相组提高员工专业素质的做法

中国第二重型机械集团公司大型铸锻件研究所金相组，主要从事产品失效分析、常规金相检验、模锻产品质量合格报告审发、集团公司产品售后质量问题处理以及科研课题研究等工作。由于工作性质和特点，技术含量比较高，涉及金相、热处理、锻造、铸造、力学等学科，这就对金相工作人员提出了很高的要求。因此，提高员工队伍的专业素质，加强员工内部培训，成为班组管理工作的重中之重。

（1）制定班组管理制度，促进员工自我提高的积极性

班组制定了班组考核及奖金分配制度、班组动态管理考核办法、劳动纪律管理制度等一系列规章制度，将员工的工资、奖金同其工作的数量和质量挂钩，从客观上促进了员工主动学习、自我提高的积极性，从而提高了整个员工队伍的技术素质，使整个班组的技术力量和技术水平上升一个新的台阶。

（2）制定主动培训制度，激励班组员工学习技术

班组根据理化检测业务技术和自身技术力量，制定了《金相组人员主动培训考核办法》，将员工主动培训即自学纳入班组考核管理，要求每一位员工根据自身技术能力和水平，立足灵活多样的岗位培训方式，缺什么补什么，学以致用，自订培训计划，按照培训计划自觉学习，并作学习笔记，同时在每一季度末对员工进行考核，检验其主动培训效果。按照《金相组人员主动培训考核办法》的要求，主动培训效果较好的员工在奖金分配上班组将给予适当的奖励，以鼓励班组员工加强主动培训，有效地调动了班组员工学习技术的积极性，拓宽了员工自学成才之路。

（3）不定期开展技术讲座，在学习中提高工作能力

针对小组技术力量比较薄弱的情况，班组请业务专家不定期地、

经常地为小组全体员工进行各种专业知识讲座。讲座内容从常规的金相检验到复杂废品分析等，组员们在专家的讲课中受益匪浅，专业理论知识水平在听课过程中得到不断提高。对于失效分析工作或理化检验工作中遇到的难题，班组请业务专家现场给予指导，让班组成员真正达到在工作中学习，在学习中提高工作能力。

（4）开展岗位技能培训，立足岗位互教互学

在实际生产工作中，班组组织员工立足岗位互教互学，相互切磋、能者为师。班组注重发挥老员工的指导作用，请他们总结操作经验，进行示范操作，传授操作要领。根据不同工种、岗位特点，班组采取多种教学方式，如先讲解示范，再实践操作，然后评议总结，扬长避短、予以综合，形成操作规范。

（5）开展岗位扩展培训，增加员工的工作责任感

班组通过将岗位工作内容进行横向、纵向扩展和深化的方式，增强员工工作的适应性、责任感和自主性。岗位工作内容横向扩展，即随着技术和工艺发展，岗位工作面扩大，所包含内容增加，这就需要提高员工的技能；岗位工作内容纵向深化，即有意识地将岗位工作绩效的数据及时反馈给员工，使班组员工有机会参与工作计划的制订、设计与调整，评价和修正自己的工作，从而增加员工的工作责任感、成就感和工作的兴趣。

通过加强班组管理和岗位培训，员工在客观上和主观上努力学习，自身专业水平和能力都有了很大提高。近年来，金相组获集团公司科技进步奖共 5 项，同时在全组员工的共同努力下，全组的工作数量逐年上升，全组创造的理化工作年产值达 100 万元，比往年增长 2 倍，并按时保质保量全面地完成了任务，受到企业和用户的赞誉，被评为中国第二重型机械集团公司模范班组。

27. 高碑店污水处理厂泵房班践行“三四五”工作法

位于北京东部的高碑店污水处理厂，于1993年建厂，现在40%的北京污水在此处理。

（1）冬天污水冰冷，夏天臭气熏天，工作条件艰苦

泵房班负责的污水抽升是污水处理厂的第一道工序，位于地下七八米的排水管道中的污水在通过格栅过滤之后，用水泵抽升上来，再进入污水处理程序。

污水通过排水管道最先到达污水处理厂的格栅，泵房班的员工每天都要对格栅进行清理。对格栅的清理，是对格栅滤出的各种栅渣垃圾进行清运，如建筑木方、动物尸体、烂菜叶子……硫化氢气体就是这里的有机物腐烂之后产生的，威胁着职工的安全。如果不及时清理格栅，格栅就会被垃圾堵塞，导致污水无法进入，从而会淹泡管道或城区道路。泵房班的职工需要下到格栅间，用手将这些污物掏出，冬天污水冰冷，夏天臭气熏天。垃圾多的时候一天就有上百吨，能装几十辆卡车，劳动强度之大可想而知。为了保证全厂的正常运行和城区道路避免被淹泡，泵房班班长冯德余带领班组职工昼夜坚守在岗位，从没发生过堵塞事故。在全厂的运行中，进水泵房把好了污水处理的第一关。

（2）总结出“三四五”工作法，对班组实施精细化管理

泵房班还有一项日常工作，就是对设备进行巡视检修，保证设备的安全运行。1993年，全国最大的高碑店污水处理厂正式运行后，冯德余面对先进的设备和各项管理工作努力刻苦地学习，结合实际开展精细化管理工作。在他的组织下，工厂制定了安全巡视路线，巡视要点无一遗漏。他结合实际总结出“三四五”工作法，即“巡视三必备”“岗位四检查”“工作五带头”，被大家称为“冯德余工作

法”。

“巡视三必备”是指在巡视设备时，必备旋具，巡视检查注意听，发现问题及时清；必备扳手，螺栓松动及时拧，安全生产保运行；必备棉纱，走到哪儿擦干净，设备光洁保环境。

为什么要必备旋具，巡视检查注意“听”呢？这是从以前老师傅那里传下来的，有时候设备内部隐藏的问题很难被及时发现，设备运转的声音，直接用耳朵听不出问题，但是用螺丝刀的一头接触设备，耳朵贴在旋具把上听，就能够听出不正常的运转声音，发现潜在的安全事故隐患。冯德余曾经在夜间巡视检查时，用螺丝刀听声的方法，发现电机发出的声音不正常，及时向厂里上级汇报，将电机关停拆装检查后，果然发现里面的轴承有磨损，如果继续运转很可能会将设备烧毁，从而避免了一次大事故。

“岗位四检查”是指查职工思想，保持情绪稳定；查有无上级指示和运行调度命令，不盲目行动；查设施设备工作状态，做到心中有数；查记录，随时了解工艺运行。

“工作五带头”是指带头讲奉献，不怕任何困难；带头讲责任，把好污水处理第一关；带头讲创新，技改技革勤钻研；带头讲和谐，互相帮助促发展；带头讲安全，确保生产无事故。

冯德余带头践行“三四五”工作法，并将他的经验传递给泵房班组的每一位职工，使得设备完好率一直保持在99%以上，做到了安全生产无事故。

（3）在艰苦的工作条件下，班组中充满了温情温暖

泵房班的工作条件十分艰苦，但是班组员工却非常珍惜，班组中充满了温暖，像一个和睦和谐的大家庭。在班长冯德余的带动下，有的职工家的房子漏了，大家就用休息时间帮助把房子修好；有的职工父母生病急需用钱，班组员工捐款解决燃眉之急；有的职工患病住

院，大家及时去看望。虽然工作很辛苦，可是班组职工到了单位就像进了家。在这样一个温暖的班组，许多职工不仅能够很快适应工作，而且形成了人人争先进、处处做奉献的积极向上、团结互助的和谐氛围。

多年来，冯德余每天第一个到岗，最后一个离开。在工作上无论大事小事，他总是亲力亲为，用模范带头作用影响着大家，以敬业奉献的精神带动着全班。2011 年，冯德余的外孙出生刚两天，他原本休了年假在家照顾女儿和外孙，但那天偏偏下起了大雨。冯德余放心不下泵房班，立刻放弃了休假赶到 191 闸，带领大家做好防汛工作，使班组员工们深受感动。

多年来，冯德余的温暖精神传递给了很多人，他带领的泵房班培养出了许多优秀的人才，他们从泵房班走出来后，在不同的污水处理厂当上了班长、主管，甚至是副厂长。从这些人的身上，都能看到冯德余的影子。

在冯德余的模范作用和全班人员的共同努力下，泵房班获得了“北京市模范集体”称号，冯德余也先后被授予“首都劳动奖章”和“全国五一劳动奖章”。

28. 安庆石化公司丙烯腈四班有效的“1+1 管理”方法

中国石化集团安庆石化公司的一个班组，依靠一套自我总结的班组管理办法，使一个普普通通的班组一跃成为公司的先进班组，其班组先进管理经验被安庆石化企业管理部门在全公司范围内推广，成为安庆石化班组建设的标杆。这个班组就是安庆石化公司化工部丙烯腈四班，他们总结的班组管理经验就是自己命名的“1+1 管理”。

（1）强化“三基”迫切需要，催生班组管理创新丙烯腈四班共有11人，包括中专学历2人、中技学历3人、高中学历3人、初中学历3人。按技能等级鉴定来分，则是高级工1人、中级工3人、初级工7人。这样的人员组合无论是从文化层次上讲，还是从专业技能上来说都不算高，处理生产过程中的突发情况时，班组总显得捉襟见肘。

安庆石化丙烯腈装置作为典型的化工装置，整个生产过程极为复杂，需要岗位操作人员不仅掌握丰富的化工原理、化工机械、仪表自动化等理论知识，还要求员工对各种介质的物理化学特性了如指掌，有较高的安全意识和安全技能。一方面是现代化化工生产对先进管理方式的迫切需求，另一方面是对班组管理、班组人员综合技能的严重制约，两者之间的矛盾使强化“三基”，即基层建设、基础管理、基本功训练工作显得尤为重要。

基于班组现状和装置安稳生产的需要，丙烯腈四班着手狠抓“三基”工作，积极探索有效的班组管理途径，在班组管理方面坚持从大处着眼、小处着手，班组管理的对象是人，人的关系理顺了，班组的管理任务就完成了大半。“以情动人，打造和谐团队，增强班组的凝聚力”是丙烯腈四班班组建设的一大特色。有一名青工，家庭关系出现裂痕，四五年都不同他父亲说一句话，平时在班组工作，总是心不在焉，后来在大家的耐心帮助下，找到机会与父亲消除了误解，修复了多年的亲情问题，随后他的工作态度也发生了明显转变，成为班组工作的主力。平时，班组长与员工保持紧密的联系，哪家有事需要帮忙，班组都会集体出现，帮助其克服困难，让每位员工都感受到集体的温暖。这样就提高了员工的团队意识，增强了班组的凝聚力。

该班组把“争先创优”作为大家共同的奋斗目标，为此制定了《员工绩效动态管理细则》。通过采取有效激励方式，引入动态竞争机制，把生产管理任务分解分派到岗位，落实到人，做到“人人肩上有担子、人人手中有指标、人人心中有目标”，把班组约束管理和员工个人发展有机结合在一起，建立精神激励和物质奖励连动机制，促进班组每个岗位、每名员工主动参与管理，积极分担生产任务和成本控制的压力。通过绩效管理，对班组员工的工作进行评价，每个员工都处于一种“自知者明，自胜者强”的状态。班组用“时时对标，事事总结，不断改善”来代替“以罚代管”的传统绩效管理模式，有效地推动了班组管理水平的提高，实现了班组与员工的共同发展。

（2）持续改进过程，催熟班组管理理念

几年来，丙烯腈四班围绕狠抓“三基”工作，自我加压，苦练内功，通过摸索，从无意识到有意识，在进一步稳定职工思想、规范班组制度、活跃班组文化等过程中，对班组管理方法进行有效的提炼和归纳。丙烯腈四班结合推行《员工守则》和班组建设公约，将现代管理手段融入传统管理思想，大胆引入创新思维，按照PDCA螺旋上升的管理流程，形成了新的班组建设管理体系，总结推出“1+1管理”的班组管理模式。

所谓“1+l管理”，就是从技术技能和现实表现两个方面对班组职工进行日常考核与管理。“1+1管理”中的第一个“1”是技术技能，分为流程关、操作技能关、异常事故处理关3关。每一关均结合现场与理论对员工进行考核，以3个月为一个考核阶段。员工通过考核，班组给予奖励，对于没有通过的员工给予经济处罚。第二个“1”是指现实表现，即是否有良好的工作态度和工作责任心，工作中是否积极主动，以产量、质量、设备、工艺、物耗、文明、安全7大项为考核内容，由班委会成员按月根据量化指标，综合评定。

为了有效支撑班组“1+1管理”，班组结合实际，根据企业10项制度要求，成立了班组管理机构——班组民主管理会，明确了具体分工和责任，建立并完善了班组建设管理暂行办法、班组透明化管理制度、班组例会管理制度（包括班前例会、班后例会、班组周总结会、月总结会、班组政治学习会）、班组长轮值管理制度、班组精神家园建设管理制度、班组学习与分享管理制度、设备管理制度、安全考核制度、工艺与劳动纪律考核制度等班组管理基本制度，不断扩大班组基础管理的内容。

在实施“1+1 管理”过程中，丙烯腈四班坚持闭环管理、纵横对标、不断优化、发现问题四不放过 4 个基本原则，保证了“1+1 管理”的效果。闭环管理原则就是凡事要善始善终，按照 PDCA 循环的要求，保证工作质量螺旋上升。纵横对标原则就是纵向与自己的过去比，横向与平行班组先进水平比，比不足、找差距。不断优化原则就是在纵横对标的基础上根据木桶理论，找出管理薄弱项和短板，并及时整改，提高班组管理水平。

（3）自主管理追求，成就品牌班组目标

在推行“1+1 管理”过程中，丙烯腈四班积极倡导“人人都是管理者”的理念，坚持自主管理，使班组每一位成员每天、每周、每月、长期自主地参与班组日常管理。2003 年，随着班组的组建和《员工绩效动态管理细则》的出台，班组就严格按照“全员、全天候、全过程、全方位”的原则，主动开展了“安全大家谈”“四比三争”“争当安全之星”等活动，班组职工积极参与，取得了突出效果。

自主管理的过程，也是班组不断成长的过程。班组通过制定具有挑战性和吸引力的阶段性目标，激励成员自觉加压，不断创新，持续提升建设水平，一步一个脚印，向更高的目标迈进。

围绕班组阶段性目标的设计，结合班组实际情况，从激发员工树立正确的价值取向入手，班组确定了 4 个阶段性创建目标：合格班组、信得过班组、免检班组、自主管理班组。围绕4个创建目标，丙烯腈四班通过坚持不懈地实施“1+1管理”，把上一阶段性目标作为下一阶段性目标的必要准备和基础，使作业部各项任务、指标在班组得到有效落实，保证了既定目标的逐步实现。

近年来，丙烯腈四班的班组管理工作一年一个样，三年大变样，设定的阶段性目标逐一实现，先后获得“全国青年安全生产示范岗”“安徽省青年文明号”等荣誉，还连续4次荣获“安庆石化先进班组”“安庆石化知识型班组”等荣誉称号。

29. 动力维护班在带电操作状态下的“六步安全工作法”

中国电信徐州分公司是国家骨干通信运营企业，下辖丰县、沛县、新沂、邳州、睢宁五县电信分公司，主要提供固定电话、无线市话、光纤宽带、商务领航、号码百事通等各种电信业务，并承担党政军专用通信和应急通信服务的重要职责。近年来，中国电信徐州分公司走上了一条超常规、跨越式的大发展之路，为推动徐州地区的经济发展、社会进步和信息化建设做出了应有的贡献。

在中国电信徐州分公司，网络操作维护中心的动力维护班承担着保证通信设备的供电安全、通信机房的用电安全，以及维护人员的人身安全的重任。

（1）每天都在与电打交道，需要标准化管理保障安全

动力维护班是网络操作维护中心的7个班组之一，工作范围包括徐州市区及铜山、贾汪区域，主要负责上述区域核心局站的开关电源、机房和办公空调、动力环境监控设备、交直流配电设备、柴油发电机组、蓄电池、防雷设备等的维护工作，以及本地网动力专业的技术支撑工作。

动力维护班的日常工作内容与电紧密相连，员工每天都在与电打交道，属于高风险岗位，但是班组成员非常重视安全生产，是老牌的安全班组。动力维护班曾获得2009年全国“安康杯竞赛优胜班组”、2007—2008年度中国电信江苏公司“安全生产先进班组”等多项荣誉。2007年，中国电信徐州分公司开展安全质量标准化班组创建活动，动力维护班被评为第一批“三星级”班组，并在之后每年的评比中，均被评为“五星级”安全质量标准化班组。被评为“五星级”的班组，只占公司全部班组的30%左右。

对于动力维护班来说，在安全质量标准化班组的创建中，通信机房的标准化建设是重点。自2000年通信大发展后，除了长途传输的干线通信机房和提供24小时不间断服务的数据中心有人值守外，徐州分公司近3 000个通信机房都实行无人值守，这就需要通过标准化管理来保障安全生产。

在机房标准化建设的前后对比照片中可以发现，前期的机房内，各种电缆、电线、网线无序地堆积在地上；而标准化建设后，机房的所有电线全部平铺在房间上部的支架上，并挂有标签，注明是交流层、直流层还是信号层。在机房的标准化建设中，安全风险很大，因为在网运行的许多设备不能断电，所以电源线的割接、调整等工作，都存在着人员触电的危险性。为了保证通信设备的供电安全、通信机房的用电安全以及维护人员的人身安全，动力维护班提出了电气操作“六步安全工作法”。

(2)“六步安全工作法”解决了带电操作的难题

在动力维护工作中，班组人员经常会受到高电压、高电流等危险因素的威胁。例如，使用380伏或220伏的交流电进行供配电，直流电为48伏的开关电源，供电电流可达1 000安。而动力维护班所维护的电源系统，相当于网络操作维护中心的“心脏”，一旦断电，其他许多设备都不能正常运转。因此，动力维护班常常面对带电作业。

动力维护班归纳总结出来的“六步安全工作法”，解决了带电作业存在诸多危险的难题，同时巧妙地解决了带电操作时的安全技术问题，有效防止维护人员的触电及用电事故。

“六步安全工作法”具体可分为“一看、二想、三问、四绝缘、五测量、六监护”。“一看”是指仔细查看并了解带电设备的结构、运行情况及安全措施，查看设备及周围存在的不安全因素，操作是否会影响其他工作。“二想”是指想一想是否还存在不安全因素，想一想操作流程和操作方案并与现场情况核对。“三问”是指有疑惑的地方及时询问相关人员。“四绝缘”是指施工工具绝缘，设备带电部位和机架绝缘，注意工作人员绝缘鞋、手套等劳动防护用品的穿戴情况。“五测量”是指操作前必须用万用表或其他仪表，进行电压、电流的正确测量。“六监护”是指操作时必须有人对操作人员进行监护和提醒。

以更换直流配电屏熔断器为例，直流供电不允许中断，所以更换在用熔断器属于带电作业。在这种情况下，“六步安全工作法”的具体步骤如下：

第一步，查看直流配电系统供电结构、熔断器连接方式、供电负载设备位置、走线路由及操作位置周围有无不安全因素。

第二步，对照操作方案，将更换熔断器涉及的所有步骤想一遍，想一想操作过程中是否还有未准备充分的地方，哪个步骤风险较大，其应对措施是什么，是否还有不安全因素等。

第三步，操作小组的成员之间，互相提出自己的疑问及不确定的问题，集思广益。

第四步，查看操作人员的绝缘鞋、绝缘手套等劳动防护用品是否穿戴齐全，清除身上所有的金属器物，手机、钥匙等都不能放在身上。所有操作工具的金属裸露部位都要进行绝缘处理，操作位置周围的金属机架、壳体等也要进行绝缘处理。

第五步，在连接临时线、拆除熔断器、安装熔断器、拆除临时线的过程中，必须要对电压、电流、压差进行测量，防止发生断路事故或人身伤害事故。

第六步，更换熔断器时，操作小组中必须有一人专门负责监护工作，对操作工具、操作步骤、操作安全、人身安全等进行监护，及时提醒带电部位、操作步骤、注意事项等。

由于机房数量较多，在标准化建设中，网络操作维护中心还聘请外来施工人员，协助进行电源线的割接、调整工作。中心要求外来施工人员，需要同样按照“六步安全工作法”的步骤进行操作，并且在外来施工人员作业前，进行2天的事故案例分析培训，提高他们的安全意识和安全操作水平。为此，网络操作维护中心制定了多项针对外来施工的审批制度，以便对施工前、中、后的情况进行监控和分析，规范机房施工的安全保障。

(3) 实施“六步安全工作法”，规范行为保障安全

“六步安全工作法”是避免员工的不安全行为、消除设备的不安全状态以及生产环境的不安全因素的有效措施，保证了人员和设备安全，达到排除操作过程中的安全风险，实现安全生产的目的。

动力维护班在工作实践中总结归纳的“六步安全工作法”，是保护个人工作安全的一个很好的作业步骤和措施。员工对这一工作法的实施都很支持，能够做到自觉执行和互相提醒执行。维护中心的员工，进门第一堂课就是安全生产课。班组员工都非常清楚电源维护工作的危险性，特别是对于触电的危害，都有深刻的认识。自2007年动力维护班实施“六步安全工作法”后，班组员工的安全责任心明显增强，维护和施工的安全措施更加规范和完善，多年来实施动力隐

患整治近千项，未发生一起安全责任事故，保障了人员和设备安全。

30. 北京燃气集团检修二班管理燃气管线的“4S”工作法

北京市燃气集团高压管网分公司运行五所检修二班，是全市燃气高压管网最年轻的一线班组，但在检查维修水平、班组管理等方面却都是“老手”。他们这一优异成绩的取得，源自班组的创新管理模式。

（1）操作学习，多管齐下

班长马志凯也是个年轻人，每天一上班，他就会招呼大家“先把帽子都戴上！”在他的心目中，安全永远是第一位的。

检修二班成立于2013年3月，是北京市燃气集团高压管网分公司“青藤班组”（北京市燃气集团高压管网分公司推选的青年学习标杆班组），10名班组成员的年龄均在35岁以下，是最年轻的一线班组。检修二班担负着320千米燃气管线、25座调压站、64座调压箱和291座闸井内调压器的日常检查维修工作，是北京市燃气高压管网管理范围最大、管线最长、需要检修设备最多的维修班。

检修二班刚成立时，除了当时的班长张健，其他班组成员都没有做过检查维修工作，对于调压器、指挥器等设备的原理、作用一窍不通。张健曾获得过全国调压比赛的第二名，他凭借着自己的工作经验为组员们制订了学习成长计划，还邀请了4名在全国、北京市大赛中都有突出表现的选手做辅导老师，定期到班组讲授燃气调压知识，指导实操训练。

在辅导老师授课时，班组成员还将授课内容录制下来并整理成文字资料，供大家自学。由于组员都是年轻人，班组还利用新媒体手段，建设了自己的微信公众平台，将这些教学视频、设备型号上传到微信平台，班组成员一输入设备名称就会出现设备的解剖图、工作原理图、常见的问题，以便随时查阅。除此之外，班组微信公众平台还计划将检修标准化、应急抢险标准化、漏气点如何修复等工作内容全部总结并上传。

检修二班每周都会进行一次理论学习，除了学习授课视频外，还有卡片学习。卡片学习是将不同设备检修的步骤流程做成一张张小卡片，共有 16 张，让组员按照检修顺序排列整齐，每周对不同组员进行考核。班长马志凯说："设备的检修步骤有一些相似的地方，但操作顺序又不完全相同。再加上这些卡片分得比较细，所以必须经过这样的反复训练才能够完全掌握。"

除了理论学习，每周二、周四，检修二班还会利用以前检修过程中替换下来的老旧设备进行指挥器、调压器拆装的实操练习。每隔一段时间，班组还会组织竞赛，从比拼拆装设备速度到叙述调压器、指挥器的工作原理，再到解决疑难问题。理论、实践、竞赛相结合的学习方式，提升了组员们的检维修技能。

对于新人，班组的要求更为严格。新人来到班组后要求其在一个月内掌握检查维修的理论知识，之后在 2 周内完成实践。这段时间过后，班组要求新人主动询问不懂的问题，班组内的老员工不会再主动提示。如果由于自己没有主动询问导致的考核成绩不及格，班组会对其进行惩罚。因此，即便是一些很小的问题，新成员也会主动询问老师傅，并逐渐养成这种习惯。

（2）安全工作，细节入手

燃气检修任务繁重，每年的 3 月到 9 月是规定的检修季，平均 1 天就要检修 2 台设备，加班更是家常便饭。在这样的情况下，检修人员除了要保持精神高度集中外，还要时刻注意自身的安全。为此，检修二班要求组员按照"4S"工作法操作，即工作程序要规范（Standard），检修技术要科学（Scientific），班组管理要严格（Strict），服务社会要真诚（Sincere）。

检修二班还十分注重安全意识的培养，在工作中坚持“不放过一个燃气漏点、不放过一丝安全事故隐患、不出现一次不安全行为”的“三不”工作原则。

每天的班前会，班长都要总结前一天工作中的不足并分配当天的工作，有时还会进行“争做一天安全员”的活动。据检修二班安全员李红阳介绍，班组中每个人都体验过安全员的工作。安全员主要是配合班长管理班组，包括生产例会、安全文件的学习和讲解，还要做好安全台账、开会记录，进行现场安全监督，确保工作人员的安全。

在现场工作环节，安全员是不能上手操作的。从进入调压站开始，安全员就要检查工器具的摆放及灭火器、防爆风机、防爆灯的位置情况，检查组员的劳动防护用品有没有穿戴整齐，非铜制工具有没有涂抹黄油。工具上涂抹黄油的主要目的是防止产生火花。因为检查维修工作经常需要用力，敲击扳手的时候十分容易产生火花，当处在有燃气的条件下就会非常危险。检修二班有很多类似的细节，组员工作一紧张就容易忽略，这时班长和班组安全员就要起到提醒、制止的作用。在每次安全员体验完成后，组员的安全意识都有了进一步提升。

合理安排工作与休息时间，并时刻注意情绪变化，也是保障安全操作的一项重点。调压站内噪声较大，每工作 1~1.5 小时，马志凯就会安排一个人在现场看守，其他人出去休息。另外，从每个人每天的工作情况和工作量是可以看出情绪变化的，如果发现了某一位组员的情绪不佳，马志凯就会安排他在班里整理库房、看看备件，等他休息好了再投入工作中。

（3）小发明小创造，提升工作效率

在日常的工作中，班组成员还会进行一些小发明、小创造。2015年，检修二班制作了一个调压器拆卸的专项工具，专门用于拆卸调压器上的螺栓。看起来很平常的螺栓，一旦无法拆卸就很容易影响整台调压器的性能，甚至造成漏气。

据了解，这个专用工具以前是由厂家配备的，但在使用时发现强度十分低，用不了几次就会断裂，对于手劲大的人来说更是“分分钟”就能“毁灭”一个。为了提高专用工具的强度，提升耐用性，检修二班先利用套筒、信号管、旋具等材料仿制以前的专用工具进行制作，均无法达到要求。吸取教训后，他们开始利用CAD程序（计算机辅助设计程序）画图，研究结构，制定尺寸并进行试制，最终选择了废弃的钢锉作为替代材料，满足了强度的要求。

在对调压器进行调试时，班组成员发现，使用的机械压力表量程小、精度低，无法准确读出压力值。为此，他们为压力表制作了一个电子压力表接头，可精确读出压力值，提升了工作效率。

检修二班是全市燃气高压管网最年轻的一线班组，但在检查维修水平、班组管理等方面他们都磨炼成了“老手”。他们自豪地说：“最年轻不等于我不行！”

31. 一机集团305车间吊车班强化“四个重点”

2017年度“全国青年安全生产示范岗”新鲜出炉，内蒙古第一机械集团有限公司三分公司305车间吊车班榜上有名。近年来，305车间吊车班在大力推动“青年安全生产示范岗”活动的基础上，进一步深化完善班组安全管理工作，并取得了实效。

（1）建立“点—线—面”管理模式，夯实班组安全基础

305车间吊车班建立了以班组长全面负责、班组安全员全线监督

检查、现场员全现场负责的“点—线—面”安全管理模式，并制定了《吊车班青年安全生产示范岗实施方案》，确定安全管理目标、岗位安全职责与权限，对班组涉及的危险源进行辨识、评价、分析，确定了风险控制点和关键部位控制措施，编制了专项方案和应急预案。305车间吊车班实现了管理制度化、制度流程化，靠制度管事、用流程管人，形成班组特色安全制度文化。

为确保安全示范岗出实效、出成绩，班组将目标责任细化、量化，落实到人，充分调动团员青年的积极性和创造性。在工作中，班组在“硬指标量化、软指标硬化”上动脑筋。在遵章守纪方面，班组员工自觉参加安全事故隐患排查，自觉学习安全操作规程和有关规章制度，强化安全生产意识，自觉按章作业。在安全生产能力素质方面，班组要求每位班组员工要熟练掌握专业技能，能正确运用现场的安全工具和安全设施，及时发现并正确处理存在的安全事故隐患。通过目标责任的层层分解，班组真正把压力传递到每位班组员工肩上。在此基础上，班组把创建活动与安全考核挂钩，与先进评比挂钩，将考核结果进行公示，极大地激发了员工的工作热情。

（2）强化“四个重点”，推动班组安全管理取得良好效果

305车间吊车班在健全完善制度、明确细化责任目标的基础上，采取强有力的措施，强化“四个重点”，推动班组安全监督管理取得了良好的效果。

1）强化安全教育。班组重视对青工的安全教育，以教育活动为抓手，通过现场班前会、交接班会、现场安全知识讲座、重大危险源讲解等活动，以“讲安全故事”的形式，开展案例教育，不断强化对青工的安全教育，普及安全知识，提高职工安全意识，从源头上减少安全事故隐患。

2）强化技术学习。班组把提高青工安全生产技术素质列为创建

活动的重点内容，确保每一名班组成员熟悉安全操作规程，正确引导和监督工友规范作业。同时，班组还动员青工参加大练兵大比武技能竞赛，提高轻工技能水平，不断促进青工成长成才。

3）强化督查整改。吊车班成员不仅对作业过程进行监督，还对发现的问题及时整改，并做好隐患排查整改记录和监控记录，要求责任人做到整改有回复，形成闭环管理，切实把安全事故隐患消灭在萌芽状态。

4）强化日常安全工作。吊车班积极推行“一牌一棒”吊车安全指挥法、大件安全吊运法、吊车开动鸣铃法、安全距离吊运法、危险预知训练分析法、吊索具用前检查法、班前会必讲安全法等吊车班特色安全管控方法，持续提高人和物的本质安全度，为创建良好的安全生产环境打下了坚实的基础。

（3）班组工作做到“三个结合”，保证安全生产顺利推进

305 车间吊车班将“青年安全生产示范岗”作为一项品牌工程来抓，把安全监督工作与生产经营有机结合，形成整体联动，不断丰富安全管理内涵，拓宽活动空间，进而达到互促双丰的效果。

1）与“导师带徒”活动相结合。班组动员经验丰富的老职工与技能薄弱的新入职青工结成“师徒对子”，签订师徒协议，通过师傅“传、帮、带”、徒弟“比、学、赶”的方式，使见习生以最快的速度掌握相关技能和安全知识。在促使见习生尽快走上工作正轨的同时，班组也为“青年安全生产示范岗”队伍的扩大储备了人才。

2）与劳动竞赛相结合。班组制定了劳动竞赛活动实施方案，安排班组青工积极进行吊车检查和作业行为检查，保证在劳动竞赛突击过程中不发生安全生产事故，形成了生产进度、安全齐抓共管的良好局面，起到了外树形象、内促发展的作用。在开展“青年立功竞赛”的同时，班组注重发挥“青年安全生产示范岗”的示范和监督作用。

班组将两种活动结合，把“安全就是最大的效益”的观念深入每位青工的脑海里。

3）与安全合理化建议征集改善活动相结合。班组开展了安全合理化建议征集活动，通过全员动脑筋、出点子，收集合理化建议并进行整改，并以此为契机不断完善班组的安全管理制度。班组建立安全事故隐患举报奖励制度，调动和激发班组成员主动参与到安全隐患排查及整改中，提升了班组全员参与热情，形成安全管理的合力，对现场安全生产起到积极的促进作用，实现了全员管安全、全员抓安全的良好氛围。

32. 江山重工集团十三分厂数控班学安全促安全的做法

湖北江山重工公司十三分厂数控班现有数控设备 25 台，员工 43 人。这样一个大型班组始终将安全生产作为班组管理的核心，以逐步推进、真抓实干的工作方式开展安全工作，曾获得“全国质量信得过班组”荣誉称号，班组员工周德民获得全国五一劳动奖章等多项荣誉，成为公司以安全促生产的一面旗帜。

（1）关爱生命倡安全，不断提高员工安全意识

以多种形式宣传安全，营造安全氛围。班组在工房醒目位置悬挂安全警示标语，张贴工具正确使用图例、劳动防护用品正确穿戴图示，定期制作安全板报，积极贯彻公司各项安全会议精神，组织班员共同学习集团公司下发的安全典型案例，深入剖析事故原因，同时结合班组实际情况举一反三。班组倡导员工珍惜生命关爱生命，爱护自己保护他人，并从安全管理和防范方面进行总结探讨，找出缺点和不足，不断提高员工安全意识和事故防范能力，激励员工学安全、保安全。

（2）多种举措学安全，时刻敲响安全警钟

巧借各种载体，时刻敲响安全警钟。班组将分厂编制的安全生产应知应会手册发放到位，人手一册，认真组织学习安全作业各项管理规定，积极开展岗位安全技能培训。为充分调动班员学习安全的积极性，班组开展安全问题随机抽查活动，将题目做成小纸条随机抽查，拿出班费对回答正确的班员当场给予现金奖励。为巩固所学知识，班组还对在公司各种安全竞赛和班组安全达标活动中表现积极、优秀的班员进行嘉奖。

班组对重大危险源组织开展事故预防及应急、消防演练活动，并将以往发生的具体案例作为关键内容，通过经常性的安全实践活动，使班员提高多项安全技能。每年的安全生产月、各类安全例会、事故案例分析会、班组会和班前会都是班员学习安全、体验安全的课堂，每位班员时刻沉浸在安全学习的氛围中，切实担当起安全责任。

（3）监督考核促安全，把隐患消灭在萌芽状态

强化安全监督考核制，将安全防范落实到位。生产现场的众多因素易导致不安全因素和行为。班组把安全监督贯穿在日常安全生产中，两长三员每日轮流进行安全巡检，并针对薄弱环节进行全方位、全天候的巡查。同时，班组通过分析巡查问题，有针对性地进行及时纠正和处理，把隐患消灭在萌芽状态，确保生产现场二十四小时受控。

班组实行安全班长负责制，班长与每位班员签订安全责任状，同时将安全责任分解到单元长，单元长制定并细化单元内考核办法，从细微处确保班组生产安全。班组将个人的安全状态体现在班组日常考核中，对安全职责未履行到位的严格依照考核制度执行。

十三分厂数控班通过宣贯、学习、考核 3 方面的安全实践，全面提升了班员整体安全素养。“在岗一分钟，安全六十秒”已成为全体

班员的岗位座右铭。班组安全日历上的那一抹抹绿见证了他们对安全的执着和信念，凭着坚定不移地坚持安全至上原则，班组年年安全无事故，有力保障了各项生产经营任务的圆满完成。

33. 晋西工业集团轴承压装班安全生产“零事故”

接触过晋西工业集团晋西车轴专用分公司轴承压装班的人，都对这支充满活力、朝气蓬勃的班组印象深刻。该班组 10 名成员平均年龄只有 26 岁，别看他们年龄小，干起活来个个精神抖擞，动作敏捷，俨然像一群经验丰富、技术精湛的“老师傅”。

轴承压装班主要担负 K6 轮轴、K2 轮轴、印度轮轴、蒙古轮轴、哈萨克斯坦轮轴等多种规格型号的轴承压装工作，曾创造了蒙古轮轴压装日产 60 套、哈萨克斯坦轮轴日产 133 套、RF2 型轮轴日产 150 套等多项纪录。在生产纪录不断刷新的背后，是班组安全生产零事故、安全检查零隐患、质量合格率 99. 9%的骄人成绩，轴承压装班不仅是集团公司的“五星级”班组，更被山西省国防科工办授予“青年安全示范岗”荣誉称号。

（1）安全生产排头兵，安全生产放在首位

“安全帽缓冲衬垫的松紧由带子调节，头顶和帽子顶部目测要有 32 毫米的空间才能使用，安全帽颈部绳子要系结实，防止弯腰时帽子脱落……”在轴承压装班班前上岗会上，班长康维宏正在给大家讲解安全小知识。像这样的安全教育会，在该班天天上演。

班组是直接从事生产的基本单位，同时也是安全事故最可能发生的地方。2017 年以来，轴承压装班将安全生产放在首位，坚持“以人为本”的安全管理理念和“安全第一，预防为主，综合治理”的安全方针，以提高安全意识和安全技能为着力点，不断提高班组安全管理水平。

“每日一条安全小知识”就是该班的创新之举。每日班前会前，由班组长或班组安全员讲解一条安全小知识，如安全帽如何正确佩戴、灭火器的正确使用方法、设备设施如何保护接地接零、电气线路发生火灾的应急措施等。这种坚持不懈的宣传教育，将安全知识的点点滴滴印入班组每位员工的脑海中。

班组每周组织一次安全教育培训，学习各级安全管理制度、安全简报、事故快报等。同时，针对身边发生的一些安全事故，班组组织深度剖析发生的原因及最佳预防方案，让班组员工掌握简单实用的安全避险技能，熟知安全操作规程及安全职责，树立“任何风险都可以控制、任何违章都可以预防、任何事故都可以避免”的安全信念。

正是这种潜移默化的宣传教育，使班组形成了“每天都是安全生产月”的良好氛围，使每位成员在思想上树立起安全生产的“红线”意识，达到了班组安全生产零事故、零隐患的目标。

（2）试制生产勇担当，取得快速换模换产的好成绩

一个优秀的团队，必然是一个团结奋进、勇于挑战的团队。近年来，晋西工业集团公司加快技术创新和产品升级换代步伐，不断拓宽铁路货车及核心部件的发展空间。轴承压装班这帮“80后”年轻人，多次担当试制重任，每次都出色完成，“名气”在分公司日渐响亮。

专用分公司全面启动C80E型铁路货车转向架试制工作后，轴承压装班承担了RF2型轮轴压装的试制任务。像这样的试制任务，轴承压装班虽然已经历了多次，积累了较为丰富的经验，但试制并非一帆风顺，一开始就难倒了10名年轻人。

以前压装的RE2B轮轴，两端尺寸为2 200毫米，而RF2型轮轴全长达到2 214毫米，多出来的14毫米直接导致现有轴承压装机无法压装，这可愁坏了班长康维宏。生产进度要求就在眼前，没有合适

的设备什么都是空谈。他让班组员工吊运轮对、轴承放置在轴承压装机前比比停停，一直不得要领。在加班吃饭的空隙，他又发动班组员工开动脑筋，出主意、想办法。班组员工你一言我一语，争相发表自己的想法和对策。一个个看似可行的点子，又在大家的质疑声中“流产”。

“轴承压装机两端压紧装置再离开些，压力传感器、位移传感器移一下位置。”正当大家一筹莫展之际，无意的一句话使康维宏茅塞顿开，“对，就这么试。”

在与技术人员沟通后，班组员工凭借多年历练的非标制造技能，对轴承压装机进行了改造，改变了压装顶头尺寸。经多次对工装修改后，班组最终将轴承压装机中间空位定格在 2 250 毫米，而且工装综合考虑了更换工装效率，制作了专用的长手柄螺杆松脱装置。

在一片欢呼声中，RF2 型轮轴终于试制成功。在此后的批量生产中，他们根据换模指导书操作，利用倒班间隙更换产品工装和卡具，做到快速换模、换产，极大地缩短了生产换模等待时间，提高了生产效率。班组轮轴日产量达到了 150 套的历史记录，且产品合格率达到 99.9%。

（3）激情飞扬写青春，展示意气风发的精神风貌

因为年轻，所以活力四射；因为年轻，所以勇敢前行。轴承压装班的这帮年轻人既有着对轮轴压装工作的热爱，更有着“80 后”年轻人的激情与朝气，他们既是生产线上的尖兵，亦是各项活动中闪耀的“明星”。

在轴承压装班有一项让组员引以为傲的特殊荣誉——广播操班组竞赛“优胜班组”。这项荣誉只有连续 5 次夺得流动红旗的班组才能享有，可谓小荣誉大意义。

每天早晨做广播操是晋西工业集团公司传承已久的一项活动，专

用分公司也一直将做好广播体操作为展现员工精神风貌的窗口。分公司为了激励大家参与这项活动，通过每周评比打分，为优秀班组和科室颁发流动红旗。轴承压装班的年轻人们暗暗较劲，决不能输给其他班组。他们从人数、队列、服装上做保证，从动作、节奏上下功夫，每日晨间操都精神饱满、动作规范，将流动红旗连续5个星期留在了班组，其他班组不得不向他们竖起了大拇指，“这帮年轻人就是有朝气、劲头足。”

在晋西车轴团日活动暨“车轴青年　奋勇争先”龙舟赛活动中，以轴承压装班5名组员为主力的专用分公司代表队，亦如活动主题，他们动作一致，奋勇争先，在8支参赛队伍中脱颖而出，勇夺第一名的好成绩，展示了分公司青年人的精神风貌。

34. 庆华公司五分厂装配二班人人练就硬本领

北方特种能源集团西安庆华公司隶属中国兵器工业集团，始建于1953年，是我国“一五”时期156个重点建设项目之一，是国家历次军品科研生产调整保留火工品、热电池品种最多、生产能力最大的重点单位。

庆华公司五分厂装配二班现有员工24人，平均年龄32岁，承担着庆华公司多项高新重点工程产品的生产装配任务。2013年，该班组出色地完成了81个批次20余万发常规品种生产任务和18个品种的科研试制任务，是一支“剑锋所指所向披靡”的队伍。

（1）师傅带头学技能，人人练就硬本领

装配二班承担产品装配的特点是工艺细、要求严，对员工综合操作技能依赖程度高，稍有不慎就会出现质量问题。多年来，员工换了一茬又一茬，但“师带徒学技能”的传统始终没有变。

在带头学技能方面，班长杨建会有自己的“法宝”，她经常给组员讲过去老师傅的高超技艺，并在新产品试制、学习新技能等方面身先士卒。对于班组新进青工，班组结合其性格特点选择合适岗位，并签订“师徒协议”，师傅为自己的徒弟“量身定做”一套培训计划，由易到难，由适应岗位到完成班产，循序渐进。班组内部按照“最佳技能组合”编制培训计划，合理搭配师徒，安排经验丰富的老师傅手把手传授技艺，直到完全掌握技能独立上岗。班组激励导向明确，及时给教得好、学得快的师徒给予表扬奖励。班组还设立了“班组技术论坛”，每月班组技师、高级工讲演示范关重工序操作技能，使班组学习成为员工技术交流的“小讲台”。此外，班组还有解决技术业务难题的“诸葛亮会”、技术练兵的“演武场”等，现班组所有员工都能熟练操作关重工序，“精一”“会二”“学三”的员工也不在少数。

班组某产品焊桥工序所用桥丝直径仅有千分之七毫米，不到头发丝直径的三分之一，需要在高倍放大镜下才能完成操作。该产品引进之初，只有极少数人掌握这种技术，严重制约产能，一度成为该产品生产的瓶颈。对于这只“拦路虎”，班组挑选 5 名精明强干的员工进行强化学习培训。经过老师傅的细心教导，他们不仅很快掌握了操作技能，而且还提出改善建议，将放大镜变为视频观察，在减小视觉疲劳的同时，极大地提高了装配质量。如今，“光学会操作不行，熟练掌握也不够，要想成为高手，必须做到极致，还要不断创新”这一理念已成为班组员工恪守的准则。大家勤学苦练，岗位奉献学技能，人人都有绝活，人人都有一技之长，人人都是一专多能。

（2）班前会赋予新内涵，精益生产有成效

在 2013 年精益示范区建设中，五分厂普遍推行了班前会。然而，经过一段时间后，班前会“今天重复昨天的故事”的固定模式令人反感，降低了质量和效果，失去吸引力。面对现状，装配二班敢于创新，打破旧模式，开辟班前会新路子，他们将“班前预警”“每日一题”和“安全交接”等内容推广到班前会中去，为班前会赋予了新内涵，使15分钟的班前会精彩起来。

1）班前预警。“今天天气干燥，生产现场温度、湿度低，请大家采取有效措施，相互提醒，保证生产安全顺利进行。”装配二班每天开班前会时，班长总要提醒员工，注意工作中可能出现的安全质量隐患，使大家都清楚地知道自己当天工作重点和生产过程中可能出现的不利因素，将事故隐患消灭在萌芽状态。

2）每日一题。每天上岗前，班长都会针对不同的工序随机抽问一道生产工艺中的问题。在一问一答中，员工相互学习，相互启发，共同进步。由于是随机提问，谁也不知道今天轮到谁回答，所以人人都绷紧学习弦，组员间学习工艺的自觉性显著提升。班组员工每天学习一道题，日积月累，知识水平和操作能力都有了很大提高。

3）安全交接。班组实行“定人、定窗、定时”的“三定”制度，保持安全门、窗和安全通道畅通无阻；开展“今天我是安全员”活动，每日由一名组员轮流配合班组专职安全员进行生产现场的安全巡检工作，加大生产现场管控力度，严格执行工序之间的药量存放标准，杜绝超标存放药量。第二天班前会必须把上一班的现场管理、设备运行状况和安全风险交接清楚，决不能出现空当。如果出现问题，就要追究上一班安全员的责任。因此，值班人员在上班时必须对所管岗位的安全状况了如指掌，否则就无法交接。这一系列有效的防范措施，使每一个不安全的“危险源”变成了时刻警惕的“受控点”。班组一改由过去的听一人说，变成大家相互讨论参与，不仅调动了员工参与热情，也促使员工技能、安全意识显著提高。

(3) 不畏艰难试新品，完成任务创新高

接产新品是一项风险很大而又吃力不讨好的工作：工艺不成熟，需不断摸索，效率低窝工，易出质量问题受罚。面对如此多的困难，装配二班坚持从大局出发，2013 年承担了分厂一半以上的转产科研任务。2013 年，分厂新品转入多，为保证转产质量和速度，单位决定让技术员选班组，结果大多数技术员都选择了装配二班。当问他们为什么时，答案几乎都是饱含赞誉和信任的“放心、省心”四个字。

试制中，装配二班善抓重点环节：一是学习图纸，弄懂工艺。在每一种新品试制前，班长都带领组员认真听技术员详细讲解，关注重点，询问细节，做到心中有数。二是掌握原理，严格控制。通过试装认识产品作用原理，清楚关键控制环节，按工艺要求执行，做到性能可控。三是固定状态，质量一致。经过多次试制后，尽量减少人为因素影响，确保质量一致。同时，班组积极推进柔性生产，精益管理。针对重点项目产品时间紧、装配关系复杂、技术要求高等特点，班组积极开展目标管理，建立了以周为单位的计划管理方式，每天工作计划量化到个人及工序，既保证了常规产品的生产，又保证了科研产品的试制，提高了班组工作效率。

一分耕耘，一分收获。装配二班 2013 年度先后获得西北兵工局“工人先锋号”称号、特能集团“红旗班组”称号、庆华公司“标兵班组”称号。面对荣誉，班长杨建会很坦然：成绩是大家干出来的，只是感到更多的压力和责任。

35. 布尔台煤矿综采三队生产二班“531 班组管理法”

走近这个由 17 人组成的综采队生产二班，看不到违章记录，找不到隐患影子，查不到操作失误，能看到的是 2013 年度神东煤炭集团银牌班组奖牌、2014 年和 2015 年连续两年公司金牌班组奖牌、连续三年荣获布尔台煤矿“优秀班组”的荣誉奖牌。六年时间转战五个工作面，并刷新集团公司放顶煤回采工艺单产、月产记录，提起这支屡创奇迹的采煤班组，无人不为之惊叹！

“531 班组管理法”中的“5”是指抓管理，推进 5 项创新，夯实班组安全基础；“3”是指抓安全，落实 3 项举措，强化班组自主管理；“1”是指抓典型，培育 1 种特色文化，铸就班组文化之魂。“531 班组管理法”涵盖了班组管理中的方方面面，大到职工在现场的行为举止，小到生活中的所思所想所盼，让班组真正成为联系职工工作、生活、情感的桥梁和纽带。

（1）班组安全管理的 5 项创新

1）创新隐患整治。综采三队生产二班率先在采煤工作面设立班中隐患排查治理管理站，由带班队长、班组长将排查出的隐患逐一登记，制定整改措施，明确整改责任人、整改时限，并按规定做好记录。对单独作业人员和零散作业人员，实行班前、班中、班后三汇报，时刻掌控单独作业人员和零散作业人员的安全动向。

2）创新生产组织。综采三队生产二班开展形式多样的安全劳动竞赛等，最大限度地激发班组战斗力，实现生产最大化。2015 年 7 月，综采三队生产二班创出了日产 2.9 万吨的最高日产记录，当月综采三队创出了月产 99.4 万吨的公司放顶煤记录。

3）创新培训载体。现如今，煤矿的采掘机械化程度不断提高，对职工的操作技能要求越来越高。为此，生产二班开设了支架电控故障判断与维修、电气开关维修等 5 个实践操作“流动课堂”，每周举行一次“现场师带徒，技术传帮带”活动，大大提升了职工的安全技能，还开设了职工书屋。目前，班组的 17 名员工，每个人都能在业务上独当一面。

4）创新管理机制。作为班组的“领头羊”，班长袁喜平对于班组职工生活和工作中遇到的烦心事，都会及时给予关注。同时，生产二班积极开辟家属协管阵地，开展了“一封安全家书”“家协十字绣”等一系列家协活动，动员职工家属参与安全管理，用亲情、友情和爱情感化职工，认真做好“三违”帮教，充分利用他们的特殊身份，将关爱矿工的热心从家庭延伸到班组。

5）创新班组民主管理。为激发员工参与民主管理的积极性，在开展每项活动前，生产二班都会邀请班组中的党员和职工代表参与活动的决策工作，坚持员工工分、奖罚分配等24小时内公开，接受群众监督。这一做法既充分维护了班组职工的权益，又增强了班组凝聚力和战斗力。

（2）提升班组自主管理水平的3项举措

在大力推行公司“五型班组”建设的过程中，综采三队生产二班结合自身实际，归纳总结出班组管理相关实施办法，并强推3项举措，提升班组自主管理水平。

1）推行班前“六仪”。按照班前一讲述安全状况、二开展安全提问、三排查11种隐患、四学习岗位标准作业流程、五唱班组之歌、六集体安全宣誓6项程序，把班前会变得更加简单、规范，大大提高了班前会的质量，强化了班组职工的安全意识，使班前会成为提高员工素质的第一课堂、现场安全管理的第一道防线。

2）推行班中“三步”。煤矿管理重在现场，是班组安全管理的关键。在日常的安全管理中，综采三队生产二班总结出班中“三步”，即接班现场安全确认、班中安全巡查、交班安全评估3个步骤，这使生产现场的隐患得到有效控制，班组职工违章蛮干的行为明显减少。

3）落实班后“四保”。即落实班后工作总结、技能培训、安全帮教和安全担保4项安全保障措施。工作总结是由当班带班队长对上一班工作情况进行简要总结，针对主要问题，研究制定整改措施。技能培训是根据职工素质状况，有针对性地制订培训计划，落实培训内容，提高职工业务技能。安全帮教是班组长对发生“三违”人员进行耐心教育，帮助分析违章原因，讲清利害关系，促使其遵章守纪。安全担保是指班组“三违”人员，必须向班组缴纳一定的安全保证金，保证以后不再有“三违”行为。

通过强化这 3 项举措，现场的安全事故隐患得到了及时整治，生产现场处于动态安全监控之中，职工通过参与班组安全管理，转变了工作作风，增强了责任意识，提高了安全工作执行力。

（3）开展月评“首席员工”，确立一种特色文化

良好的班组文化是确保班组健康发展的灵魂和支柱。综采三队生产二班有针对性地开展形式多样的班组创建活动，率先开展了月评“首席员工”制度，把安全意识强、技术好、群众威信高的职工选拔为本工种的首席员工，为他们颁发证书，每月享受 500 元津贴；在班组内开展安全理念征集活动、安全家书活动等，积极开辟了班组家属协管阵地，让职工在潜移默化中时时接受安全教育，班组内呈现出浓厚的安全文化氛围。

“531 班组管理法”可操作性、实用性强，它的推行和不断完善改进，不仅为职工创造了安全的作业环境，也使职工的安全意识大大增强，“三违”现象明显减少，使得布尔台煤矿综采三队生产二班这一支英勇善战、敢要难任务、敢抢硬骨头的明星班组越发显得光彩夺目。

三、特色班组安全管理的“别具一格”

在企业，生产作业内容的不同，决定了不同的班组具有不同的特点，这些特点如果能够发扬光大，就会形成本班组的特色。事实证明，班组员工不仅是生产劳动的参与者，也是班组各项管理工作的参与者，充分发挥班组员工的积极性，不仅有利于生产任务的完成，更有利于班组安全管理水平的提高。

36. 旗山煤矿“张北平班组”多种形式灵活学习

“张北平实用技术学习型班组”是徐矿集团旗山煤矿建矿 50 年来第一次，也是第一个以职工姓名命名的班组。顾名思义，张北平班苦攻的是实用技术，擅长的是学习创新。张北平班致力从事科研、生产试验、技术研发和教学培训等工作，解决安全生产工作中所要解决的和不断出现的问题。自 2004 年 10 月揭牌至今，张北平班已先后完成科技创新项目 43 项，有 4 个创新项目获国家实用新型专利证书。学以致用，是该班组学习创新的目标。

张北平班成员在创争活动中攻坚克难，在平凡的岗位上找准结合点，寻求创新点，为解决企业安全难题、生产关键出谋划策，优化工艺流程，进行技术改造，开发新型产品，自觉将知识转化为班组集体智慧，努力激发班组创新活力，一项项实用的科研成果从他们手中诞生。

煤矿井下采掘工作面放炮时，按照规定应设立警戒线。利用人工设立警戒，一旦不注意，放松警戒，就有可能导致人员误入而造成严重后果。张北平和班组成员一起深入井下采掘一线，利用红外光学原理，设计了便携式红外放炮警戒仪，警戒距离长，可覆盖整个巷道，提高了安全可靠度，有效防止了放炮崩人事故的发生。

旗山矿压风机房变电所自 1985 年投入运行以来，一直存在一大安全事故隐患，4 号无断路器，仅有隔离开关和联络开关，不能实现隔离开关的不带负荷操作。该班组设计并研制了一套装置，通过一电路带动一电磁阀，阻止隔离开关的操作，实现闭锁功能，一次性彻底消除了隐患。

矿用推土机整理煤场、矸石山时，经常上山爬坡工作，按规定爬坡坡度不能超过 25°。没有坡度指示器，司机很难辨别所处的坡度，只能凭感觉操作，特别是夜间工作更是不便，很容易导致翻车事故发生，给安全带来严重的隐患。该班组成员吴思苦思冥想，终于，研制出一种既能指示坡度，又能提示坡度超限的推土机坡度超限报警器。该项目被认定符合国家“十一五”时期的产业发展政策，具有很强的实用性、可操作性和市场开发前景。

张北平班积极倡导多种形式的灵活学习，以此来提升班组创新力，挖掘班组成员的学习潜能，催生员工学习的内在动力。该班组为此制订了学习推进计划，班组成员在学习专业书籍的基础上，重点学习机械电子等新的科技知识。为给班组职工提供良好的学习环境，班组增加了学习用的黑板、桌椅、书柜等学习设施，添置了《电工技术》及其他电路图纸等学习资料和台钻、仪表等实验器材。为了保证学习效果，班组加强对学习资料、台账的整理，将记录本等技术参考资料进行分类存放。为了深化学习型班组的创建工作，班组每周都要交流创新项目的进展情况、正在解决和将要解决的问题，互相帮助，相互启发。班组每月召开一次班组学习例会，在例会上对本月工作中存在的问题进行深入地交流，并找出解决问题的办法与措施。班组成员在互动学习与民主讨论中提升了自身素质与工作质量，同时由技术尖子或专业技术人员讲解技术方面的知识，使班组成了提高技术的平台。

37. 热处理厂电镀班激情学习、勇于创新

中国航空工业集团黎明公司热处理厂表面处理工部的电镀班，是该公司的“金牌班组”。被黎明公司命名为“金牌班组”的电镀班员工们，始终洋溢着昂扬向上的激情，他们在工作中学习，用学习促进工作，在平凡的岗位上，用自己的双手“镀”出熠熠生辉的光彩。

激情学习、勇于创新是电镀班的一大特色。为不断提升员工的技能水平，电镀班根据自己的专业特点，以“打造学习型班组、提升班组整体素质”为目标，成立了全员参与的四个活动小组，即质量提升小组、创新小组、节能降耗小组和设备维护小组。四个小组充分调动了职工的积极性，全方位开展学习活动，推动了班组的各项工作。

一次，某重点型号机的关键件周转到电镀班，该班创新小组的员工们立即围着这个新零件展开了研究。这个看似“五大三粗”的零件，工艺要求却精密复杂，必须局部镀银，且绝缘性能必须良好。节点迫在眉睫，可班组对此零件一没有经验二没有专用夹具，怎么办？

经过集体研究，创新小组决定自行设计制作工装。小组里经验丰富的陈春华师傅根据零件的工艺要求和特点，设计制作了专用夹具，不仅巧妙地保证了复杂的工艺要求，而且一次性镀出了质量完全合格的零件，保证了生产任务的顺利完成，为工厂节约了可观的工具成本费。陈师傅说：“我们在平时学习中学透了，这就是举一反三的事。”

电镀班是集镀铜、镀银、镀锌、镀镍等多项电镀工艺为一体的班组，承担着黎明公司几千种零件的电镀任务。种类繁多的零件，技术要求复杂的专业特点难不倒电镀班的员工们，他们操作起来驾轻就熟、游刃有余。

追求精致、降低成本一直是节能降耗小组的追求。节能降耗小组在成立伊始就制订了节能降耗计划，根据计划逐步杜绝了长明灯、长流水、跑冒滴漏等能源浪费现象，同时在工厂的号召下，小组集思广益，动手搞节约，动脑降成本。小组成员发现日常用来捆绑零件的金属丝捋直了还可以继续用，于是号召班组反复利用废弃金属丝；进行电镀时，当导电的金属极板短到不能再用时，小组成员把它们收集到一个钛筐里，再放到电解液中使其继续发挥作用，直至完全消耗……

设备维护小组精心呵护设备，除定期进行设备一级保护和二级保护外，平时也关注设备状态。在工作中，易被忽视的设备问题都没有被小组成员轻易放过，设备出现异常声音或电流非正常波动时，他们都会敏锐地捕捉到，并及时进行排除，决不让设备故障影响生产。在他们的精心维护下，所有电镀设备一直运行良好。

在一方方电解槽前，在一组组零件旁，大家经常会看见质量小组成员严谨、执着的身影，他们仔细查看零件保护措施、研究各种工艺参数、分析槽液温度和成分等能影响产品质量的因素……针对产品质量不稳定的情况，他们经常开会研讨，就如何加强产品质量过程控制、提升班组整体质量水平展开讨论。班组每周召开质量分析会，对新机种操作人员随时进行质量培训，大会小会必谈质量……班组渐渐地形成了全班抓隐患的氛围。在每天班前会上，不仅班长强调质量，班组成员也互相提醒：“电流是否在正常范围内?”“槽液化验单是否在有效期内?”班组成员还经常在学习中分享自己的“质量心得”，把加工中调得的最佳参数公开应用；互相督促检查上工序、做好本工序、服务下工序……一系列的控制措施和集体堵漏洞、灭隐患的工作氛围，使班组产品质量稳步上升，电镀班两年的产品报废率为零。

电镀班的员工还努力学习，全面提升班组的攻关能力。某型机中轴机匣的防渗碳镀铜一直存在合格率低、镀层易渗漏等问题，影响生产交付。班组的技术能手张志看到这种情况急在心里，他主动请缨主抓这个零件。加工此零件时，张志成日夜连班干，分析状态、调整参数，终于发现了绝缘方法是导致合格率低的一个原因。他经过多次攻关，彻底解决了这个问题。此次改进既便于后续工序的清理，缩短了加工周期，减小了劳动强度，又提高加工效率近4倍，受到了车间上下的赞扬。

38. 石化动力厂运行五班“完整闭环学习模式”

兰州石化动力厂空分部一空装置运行五班的员工们，通过群策群力形成了一套“完整闭环学习模式”，大家风趣地称之为“石头、剪刀、布”学习法。

“石头”的特点是硬。大家把班组的目标、计划和制度当作石头，同时分别制订了详细的班组和个人学习计划和学习目标。班组为稍年轻一些的班员制订学历计划，督促他们进一步加强文化素养。对于文化程度稍稍欠缺一点的老师傅，班组有针对性地为他们安排了素质提升老师。同时，老师傅在实际操作上又担当了班组新员工的技术师傅。这样的计划和制度实施之后受到大家的欢迎，班组员工也自觉地按照要求去完成。

“剪刀”的特点是锐利，敢于创新。头脑风暴法是班组的常用方法，班长鼓励有特长有能力的员工大胆展示自己的才能，同时鼓励员工学习方法要灵活多样，学习形式新颖独特。被评为甘肃省石化系统先进技术操作法的“柴树勇操作法”的诞生，就是这个班一直以来推行这一理念的最好见证。柴树勇的这种创新精神不仅鼓舞着自己不断进步，同时也带动着全班人，使五班成为全公司学习气氛最浓郁的集体，全班人都把学习当作最好的福利，把培训当作最高的奖励。

“布”的特点是包罗万象。班组把学习的内容比作布，从业务学习到安全学习，从个人文化素质提升到全面开花，班组不但按时完成企业每周一题的业务学习作业，而且在班级内部不定时地开展岗位练兵，每月根据学习积极性评比班组学习之星，每季度还会组织班组内部的技术比武，同时还坚持人员流动和岗位轮换，让大家都有机会熟悉每一个岗位的操作要领，争取多培养一些全能操作手。在安全学习方面，班组特别注重动手能力的培养，事故预案演练、机组切换流程讲述、安全防护用具的熟练使用等都是必选项目。在素质提升方面，班组坚持开展定期的读书会、学习心得交流、计算机操作展示等活动。为了增进班组成员的感情，班组通过丰富多彩的文体娱乐活动寓学于乐，组织爬山、游泳、划船，像男同志感兴趣的象棋、网络游戏，女同志爱好的十字绣、瑜伽，都是班组员工学习的对象，这些活动看似不务正业，但营造了轻松愉快的氛围，使员工的学习效果更好，班员们彼此的隔阂消除了，默契增加了，干工作更带劲了，班组气氛更和谐融洽了。

班组学习的“剪刀、石头、布”这三方面各有特色，又相互促进，推动着班组不断进步。

39. 太重集团装焊四组“干中练、练中学”成为青年示范岗

在山西太原重型机械集团有限公司，起重机分公司焊接厂装焊四组可谓大名鼎鼎，曾经被共青团中央、原国家安全监督管理总局命名为第七届全国青年安全生产示范岗。

装焊四组现有职工 17 名，平均年龄约为 29 岁，35 岁以下的青工有 15 名。这样一个成员年轻的老集体，有着确保安全的优良传统，已多年未发生轻伤以上事故。在装焊四组的工作场地，只见弧光闪闪、焊花飞溅，职工们穿戴着全套的劳动防护用品，正在进行焊接钢铁企业用小车架的作业。

装焊四组分为装配班和电焊班。电焊班班长张东伟已经在装焊四组工作了 10 年，谈起现场作业的危险，张东伟说：“我们每天的作业对象是质量以吨计的铁家伙，焊接作业要使用氧气、丙烷等助燃、易燃气体，动力是高压电，装配作业要使用起重机等特种设备。我们要防磕碰、防物体打击、防触电、防火灾，哪点不小心都不行啊！”

装焊四组以倡导安全生产、文明生产为核心，提出了“立足本职、自我完善、敬业守信、无私奉献”的工作理念，而平平安安地工作，是大家共同的目标。在这一共同目标的凝聚下，装焊四组员工之间关系融洽，这对确保安全很重要。班组十几个人在一起工作，劲都往一处使，配合也默契，有问题大家解决，有难处大家讨论。

一次，装焊四组接受了加工风力发电机机架的任务。这种机架所用板材较厚，达 60 毫米，加工精度要求高，再加上以前从未加工过类似产品，给该班组出了难题。装焊四组全体员工及早研究，查阅了相关资料，制定了详细的加工方案和保安全措施。在作业中，大家相

互协作，兢兢业业，确保作业中未发生安全事故，未出现质量问题。结果，装焊四组提前完成了任务，所有产品一次性通过无损检测。

装焊四组的每名职工都养成了提前到岗的习惯，这样做是为了检查生产现场是否存在隐患。检查电焊机的地线是否二次搭接了，防止外机壳带电；看看输送气体的管线是否有破损，防止易燃气体泄漏；互相检查一下劳动防护用品是否穿戴齐全。在班前会上，班组长简明扼要地给职工讲明当班作业内容及安全操作注意事项，遇到疑难问题，组织大家讨论解决。该班组还根据班组年轻人多的特点，注重安全生产培训，使年轻人不断提高技能水平。班组的口号是“干中练、练中学、学中熟、熟中安”。

40. 漳州电业局继电保护自动化一班开展“每日三问”

2017 年 3 月 28 日 15 时，福建漳州电业局继电保护自动化一班的员工齐聚一堂，开展安全日活动。这个班现有 9 人，其中技师 2 人，担负着全局所属 31 座变电站的继电保护设备和安全自动装置的检修维护、技术改造、事故抢修等任务。每周五下午开展安全日活动，是这个曾荣获“国家电网公司年度安全生产先进集体”称号的班组雷打不动的一项制度。他们除认真观看电力事故典型案例的录像片，开展“事故追忆”大讨论，进行事故原因分析，总结经验教训外，还对一周以来本班组安全生产情况进行总结分析。

“注重细节才能筑牢安全之基!”活动结束后，班长林锦灿说起几天前发生的一件事。

3 月 18 日，在 110 千伏下洲变电站进行主变综自改造时，为保证设备投运后能安全、稳定、正确运行，该班组决定借此机会，对一条支线备投装置进行开关传动试验。在办理工作票后，工作班开始对装置进行加压试验。这时，一个意想不到的情况发生了：备投装置的充电灯一直不亮！经查，装置的电压、开入量、定值单等均无异常。

“以前同型号的备投装置都是这样做试验的，怎么今天备投装置的充电灯不亮呢？”在现场，他们查阅资料、联系厂家，最终发现了问题所在。原来这条线路的程序比较特殊，从而导致备投装置无法充电。弄清问题的缘由后，试验便顺利完成了。事后，他们对此进行了总结分析，同时提出了杜绝类似情况发生的措施。

违章是安全生产的大敌。近几年来，该班组针对生产实际，坚持开展“每日三问”，通过建立知识题库，利用班前会进行学习考问，激励员工“每天学习一点点，每天进步一点点”；结合创“无违章”活动，完善标准化作业指导书内容和继电保护安全措施，推行“员工安全生产业绩积分卡”等制度，要求严格按规定施工作业；针对管理、人员、设备设施、作业环境开展安全检查，确保排查不留死角、措施具体到位。同时，班组突出岗位智能培养和技能训练两个重点，开展“师傅带徒弟”活动，既营造了“比学赶帮超”的浓厚氛围，又有效提高了员工技术和岗位业务技能水平。

41. 利民动力公司电气维修组样样工作都有板有眼

晋西集团利民动力公司电气维修组，是一个只有 8 名员工的维修班组，主要担负着公司高压试验检测和关键部门锅炉房、空压站、水泵站等电气维修保养及职能部门的电气维修工作。虽然是一个看似普通的小班组，可走进他们，细细了解他们的工作、生活，才发现小班组不简单，样样工作都有板有眼。

在动力公司，电气维修组的首要任务是保障电气设施的正常运行。这是一切工作的出发点和落脚点，也是班组创建活动的基础。为此，小组年复一年，日复一日，不厌其烦地搞好电气设施的维护与保养。每天对引风机、鼓风机、给水泵、渣浆泵、空压机、配电箱、低压室等电气设施进行巡回检查，发现问题，及时处理。为调动员工的工作积极性，小组还开展“创佳绩、争先锋、增效益、降成本、保安全”的劳动竞赛作为常态化工作。

安全是生产的保障。该班组提出了“安全从我做起”的安全口号，并以此为切入点，充分发挥班组在安全生产中第一道防线的作用，强化班组安全管理，把安全生产落实在班组，体现在现场。针对工作面广、设备性能复杂的工作特点，该班组大力增强安全“预防”意识，严格落实安全生产标准化，遵守技术规范、技术标准、操作规程，控制员工不安全行为。同时，班组特别注重检修、安全、技术等经验的积累与应用，组长、安全员做好安全检查，及时发现并消除隐患。全员认真学习安全操作规程，熟悉掌握设备运行工作流程，做到事前认真分析预测，事中加强管理控制，事后严格检查考核，使班组的电气维修安全能力不断提高，实现了“零伤害、零事故”的目标。

在一次设备故障维修中，由于首次检修该类设备，没有经验可以借鉴，小组成员边检查、边修理、边记录，边查阅，连续工作了十几个小时，不但按时完成了检修任务，还积累了相关数据，为以后设备维护、规范操作积累了准确的资料。

42. 氧化铝厂电工班推行“四严”工作法预防差错

中国铝业中州分公司氧化铝厂二车间电工班，是一支团结和谐、技术过硬、作风顽强、保障有力的电气运行团队。为了更加规范地执行电气规程、“两票”（工作票、操作票）、“四制”（安全工作票制度，工作许可制度，工作监护制度，工作间断、转移监护制度），提高检修质量，杜绝习惯性违章，实现标准化作业和本质化安全，进一步提升班组自主管理能力，电工班推行了“四严”工作法。

“四严”即严密作业程序、严肃“两票”制度、严求精细作业、严格责任落实，这也是班组安全、优质、高效完成清理检修工作的坚实基础。

(1) 严密作业程序

班组全面考虑车间高低压电气设备运行情况，编制出设备检修维护周期表和设备检修台账，制定了标准操作票、工作票签发管理办法等制度，实施作业首位负责制，全面涵盖了电工班的每一项工作。

(2) 严肃“两票”制度

班组将“两票四制”贯穿电气运行管理始终，规定操作票执行前必须经写、审、批 3 个步骤。布置操作任务时要做到“三交”：交任务、交安全措施、交注意事项。操作人和监护人要做到“三明确”：明确操作顺序、明确操作方法、明确操作注意事项。操作票执行前值班员应做到“三考虑”：考虑运行方式改变后对继电保护和自动装置的影响、考虑可能出现的问题、考虑出现问题后该怎么办。操作票执行中要做到“五反对”：反对操作人有依赖思想、反对监护人粗心大意、反对擅自变更操作内容、反对自认为简单操作而弃票操作、反对操作人和监护人互换位置。

(3) 严求精细作业

电气检修特别是电气改造，设计、施工、验收、投用要做到设计逻辑严谨、满足生产需要、创造安全环境、方便操作维护四方面，尽力避免“检修老毛病，又添新毛病”“改造老问题，又添新隐患”的恶性循环，提高现场电气装备水平，为生产奠定最稳定最先进的电气基础。

(4) 严格责任落实

电工班在工作中，根据实际情况建立健全了工器具使用登记表、临时线装拆登记表及安全措施装拆登记表，使责任到人，进行“首位负责制”确认检查，根据检查情况进行详细记录，形成了作业项目实施过程人人心中有数、事事有人负责的良好局面。

该班组在作业中，还注重榜样的示范作用，通过班组内部各种劳动竞赛的有效开展，选拔出能力强、业务精、素质高的员工作为众人学习的榜样。良好的激励机制可以充分调动员工的工作积极性和创造性，及时发现员工在工作中的闪光点，并及时给予肯定和表扬，使员工因得到大家认可而感到自豪。

43. 铸造分公司钳工班登高作业的五步程序

东风汽车股份有限公司铸造分公司钳工班，承担着铸造分公司及基地部分单位的水、气（压缩空气、天然气与水蒸气）管网及空压机、中央空调等重要设备的现场维护工作。可以这样说，只要是通水、通气的地方，都是他们的工作现场。虽然工作战线长、服务范围广、工作现场环境复杂，且存在着这样或那样的不安全因素，该班组始终保持着安全警惕性，用安全的实际行动为企业筑起一道牢固的安全屏障。

登高作业对于钳工班来说是司空见惯的作业项目，而且因为铸造分公司大部分管道架设在空中，钳工班几乎天天都要登高作业。登高作业虽然简单，但是为了切实保证作业人员的安全，钳工班把简单的作业分为了五步程序，每次登高作业都要严格按照程序进行。

登高作业的五步程序如下：

第一步，钳工班班长带领班组安全员到即将进行登高作业的工作现场进行仔细勘查，安全员用随身携带的数码相机对工作现场从不同角度进行拍摄。

第二步，班长和安全员回到班组，班长开始布置工作。

第三步，分配任务后，班长组织职工进行安全学习，对照在工作现场拍摄的照片，向相关职工说明此次登高作业的主要内容和安全注意事项，制定登高作业安全方案。

第四步，参与登高作业的职工到工作现场，对工作现场的危险因素通过手指口述、危险预知训练等方法进行最后确认，同时熟悉工作现场情况。

第五步，登高作业开始，在作业现场，班长在每个作业点都要专门安排一名具有丰富实践经验的职工担任临时安全员，按照登高作业安全方案的要求，对登高作业进行监督。

44. 江苏油田真武集中处理站创造出巡回检查量化法

江苏油田试采一厂真武集中处理站（以下简称真武站）始建于1976年，是江苏油田最早成立的原油站库之一，历经十余次改造、扩建，目前形成集原油集中、脱水、加热、稳定于一体的综合性集输站库。真武站主要担负着试采一厂所属油区的原油处理任务，年处理液量300万立方米，外输天然气700万立方米，处理原油36万吨。

真武站处理的介质主要为石油和天然气，站内危险来自油气处理区域和设备设施操作区域，生产过程中存在高温高压、易燃易爆、有毒有害等职业危害因素。为此，该站实施精细化管理，在精细化管理的摸索与实践中，总结了巡回检查量化法，有效地促进了日常安全管理。

巡回检查量化法包括优化巡回检查线路、细化巡回检查内容、便捷巡回检查程序等内容。

(1) 优化巡回检查路线

该站根据各岗位生产间的关联，将原来的3条巡回检查路线整合为1条。新的巡回检查路线不仅完全涵盖了以往的3条路线，同时更兼顾了几处巡回检查死角。这一路线经过反复试验、修正，达到了巡回检查点全部覆盖、路径简捷、路程最短、标志物清晰、便于记忆等目的。

(2) 细化巡回检查内容

该站将新的巡回检查路线细化为相关联的24个巡回检查点，用数字在现场标识注明。同时，该站安排操作最为规范的职工，在每个点进行示范操作，并拍摄照片，形成操作流程图。梳理好24个巡回检查点后，处理站又通过查找资料、修正数据，明确了各检查点的温度、压力等30余项参数的正常运行范围数值，并用醒目的红色文字在职工值班室和巡回检查点进行标注。这样，职工无论经验丰富与否，都能根据现场注明的参数值，对每个巡回检查点进行全面检查，避免了因数据记忆不清造成的参数调控错误，以及检查点记忆不全造成的漏检、错检等现象。职工只要严格按照该检查流程行经每个检查点，对每项参数进行逐条对照，即可全面而规范地完成巡回检查操作，查找隐患，避免事故发生。

(3) 便捷巡回检查程序

该站根据各巡回检查点在生产中的关联性，设计制作了《岗位巡回检查记录本》。该记录本全面汇总了每个检查点运行时所有可能状态的数据，职工只要根据检查情况，在相应的工作区域打钩就可以快速地完成资料录取。

以往巡回检查时，职工填写每一项记录都需要写明数字、单位，易出现错漏。《岗位巡回检查记录本》投入使用后，职工巡回检查的各项记录整合为一本，在各区域打钩即可，填写数据的工作量大大降低，避免错误的发生。

真武站在实施巡回检查量化法以后，员工的巡回检查行为得到规范，日常巡回检查工作更加准确、到位，效率也得以提升。为了解决巡回检查时发现的参数偏差或设备故障，该站设计制定了两项新型的现场管理法，即“问题票”管理法和“定点拍照”管理法，配合巡回检查量化法使用，双管齐下，共同提高现场管理水平，取得了较好的效果。

“问题票”管理法是指岗位职工在巡回检查中，如果发现现场存在问题隐患，及时记下，填写并张贴问题票，然后由其他岗位职工主动制定整改措施，经确认解决问题后摘下对应问题票。

“定点拍照”管理法，是用照片将生产现场存在的问题记录下来，并进行张贴，督促职工对该问题进行整改。问题整改完成后，张贴整改后的照片，通过整改前后照片的对比来展现工作效果。

真武站自实施巡回检查量化法以来，共发现各类事故隐患 84 条，并及时处理，实现了 5 年零事故。

45. 连云港港口公司门机三班的“二九九”工作法

江苏连云港港口公司东联港务分公司门机三班探索总结的“二九九”工作法，内容简单易记，贴近工作实际，具有很强的操作性，可对事故隐患、违章行为进行预控管理。

近年来，随着连云港港口的高速发展，年货物吞吐量已达到 2 亿吨，港口码头的人、机、物越来越多，威胁安全生产的因素也逐渐增多。在港口码头的装卸工作中，多数事故隐患都发生在人、机的配合上。为加强班组现场的安全生产管理，规范门机司机的操作行为，门机三班一直在探索班组安全管理的有效方法。经过多方论证和实践检验，2012 年年底，门机三班结合班组自身的工作性质及作业现场的安全重点，将班组安全管理方法整理归纳为“二九九”工作法，即“二沟通、九确认、九禁止”。

“二沟通”是指作业前，班组应主动与配合作业人员及现场管理人员沟通，了解货物的件重和作业过程的安全注意事项；作业前还要与交班司机做好沟通，了解机械设备运行是否正常。作业前的充分沟通，可以使司机知道自己当班作业的设备性能、生产环节的重点，做好安全预控。例如，2013 年 3 月，门机三班接到吊装风力发电机旋转叶片的任务，这种叶片长约 55 米，并且一头重一头轻，需要两台门机合作进行吊装。在操作前，两名门机司机在作业前需要充分沟通，商量如何控制起吊高度，来实现安全作业。

“九确认”的内容包括作业前、中、后 3 个方面。作业前，班组要确认机械设备的吊索具及安全装置工作是否正常；确认指挥人员及其站位；确认运行路线，有无影响安全的人、机、物及区域封闭情况。作业中，班组要确认指挥手势、信号，确认货物捆码质量，确认抓斗封闭及倒料高度。作业后，班组要确认电源是否切断，确认门窗是否关好，确认防风装置是否齐全有效。门机岗位的重中之重，是对机械设备及安全装置的确认，只有安全可靠的设备才能有效地保证安全生产。所以，作业前要对吊索具、制动器等部件进行安全确认。另外两条作业前的确认，是为了确保作业过程不对其他人员造成伤害。

“九禁止”是禁止无人指挥擅自作业；禁止无人看护擅自挪车；禁止不撑钩就起吊，不稳关（抓斗）就来钩（倒货）；禁止抛关作业；禁止超负荷作业；禁止负载行走；禁止货关从人或机械上方通过；禁止取送火车时作业；禁止边作业边听音乐或接打电话。“九禁止”是针对部分门机司机经常出现的无人指挥作业、超负荷作业等违章行为制定的。为了促进规范安全作业，班组不仅在驾驶台前的醒目位置张贴“九禁止”工作法的提示标识，还制定了以班组长、安全员、司机自查互查的三级巡查制度，一经发现有违反“九禁止”内容的现象，立即停车换人，对责任司机进行教育并严格考核。

据了解，在未开展“二九九”工作法之前的半年时间，门机三班仅“边作业边听音乐或接打电话”这一项，就被公司的安全部门处罚了6次。而“二九九”工作法有效地遏制了“九禁止”现象，保障了现场作业安全。

通过大力推行“二九九”工作法，门机三班的各项运行指标均位居全队第一，其中设备完好率由2012年的96.3%，上升为2013年的99.1%；台时产量由57吨上升至66吨，千吨单耗也有大幅度下降。“二九九”工作法的实施，明显促进了班组的安全生产，也被公司推广到其他同类班组。

46. 机械化大修厂钳工班的小发明解决吊车大隐患

2013年12月5日对安徽电建一公司机械化大修厂钳工班来说是个“大喜的日子”，该班组发明的吊车高度限位器获得国家实用新型专利。

限位器是起重机械的安全保护装置，能有效防止吊钩“冒顶”事故的发生，被广泛用于汽车吊、履带吊、筒臂吊等起重机械上。但因为它“娇气”不耐用，更换频繁，十天半月就要更换1次，1台吊车1年下来就要耗费数千元。

钳工班对破损的限位器进行解体研究发现，因外壳“骨折”导致报废的限位器占95%以上，其外壳都是生铁浇铸件，抗冲击力差，脆弱易断裂。钳工班的员工曾经尝试用焊接、铸工胶黏合等办法修复，但是都因为变形影响其灵敏度而失败。

这件事成为钳工班的一件大事。一天早工间休息时，班组成员再次聚在一起商量解决办法。钣金工朱长安拿着“骨折”的限位器仔细端详，用石笔在地板上比画了一会说：“这个外壳我来做!”。他准备把盒状的外壳分成 4 片来做，这样就能使其在焊接时不变形，材料就选用薄钢板，照葫芦画瓢，保证尺寸分毫不差！

“这不就是触点式电子开关吗？市场上随处可见，10 元一只!”班组安全员叶小海指着限位器内的火柴盒大小的电子块说道。接着他又将型号报给配件供应商，得到肯定答复后，大家分头行动，着手测量尺寸、划线、找制作材料。

人多力量大，2 个多小时后，限位器外壳制作完毕，装配上电子开关，测试，灵敏度良好！接着大家又对做好的限位器进行破坏性试验，碰、撞、摔后，限位器丝毫未损，灵敏度依然良好。随后班组将自制的限位器安装在不同规格的吊车上，使用半年后毫发无损。

47. 化学工业公司浇铸 3 班严格管理与员工亲情共融

西安北方惠安化学工业有限公司浇铸 3 班，从一个不起眼的小班组，成长为陕西国防科技工业工人先锋号，这与班组全体员工团结奋进的优秀品质密不可分。浇铸 3 班被评为集团公司“安全生产优秀班组”“陕西国防科技工业工人先锋号”。

浇铸 3 班在成立之初，曾经经历过一场重大安全事故，班组员工心理压力很大。为了重塑班组形象，该班从狠抓日常小事如纪律整顿入手，制定出详细的奖罚措施。在严格实施奖罚措施的同时，班组注重培养员工良好的习惯。

对在浇铸岗位工作了近 20 年的班长王利来说，他对这个岗位比普通人有着更为深刻的感受和认识。他始终坚守着“要求别人做到的，首先自己要做好”的处事信条。王利每天早到20多分钟，打扫好班组周围卫生，给员工烧好热水，检查一遍设备，无论做什么事都非常认真，脏活、累活、危险活他总是抢着干。用他的话来说：“作为班长，我要给班组成员做好表率，用自己的实际行动来影响和感染他人。”如今，浇铸3班员工每天自觉提前到岗，做好班前准备工作，班后利用一些自己的时间，整理、清洁工作台或设备。

为了提高班组本质化安全程度，该班组制定了一套详细的安全管理处罚制度，经常组织员工寻找本岗位上的安全事故隐患，并及时召开安全分析会，一起研究解决发现的问题，使安全管理不断深入、细化。对于不按规定穿戴劳动防护用品，或是不按规定操作的员工，一经发现，严肃处理。除了经济的处罚，该班组更注重思想教育，不仅要求违章者写出深刻检查，还要抽时间为他补上一节安全课，使班组员工切实理解安全工作的重要性，在班组内部形成了人人重视安全、处处保障安全的良好氛围。现在，许多条不成文的规定，已成为该班组员工日常自觉遵守的良好习惯。

班组的严格管理，并不会破坏员工之间的感情。班长在平时工余时间是一个重义重情的有心“老大哥”，看到班组成员有谁情绪不好，或状态不佳，他一定会找他们谈心，了解实际困难并想方设法给予解决。“在这个班组里，每个员工都像亲人，无论谁有困难，我们都会像对待家人一样义不容辞地予以帮助。虽然我们班组小，但却是亲如一家”，班组员工提起自己班组时总是动情地说。

员工间的亲情，为班组营造出一种团结、和谐的良好氛围，使其更具向心力、凝聚力，这是浇铸3班迈入省级品牌班组行列的重要因素。

48. 天津石化公司运行四班练就的一身过硬技能

天津石化公司注重把责任文化内化到班组行为，储运一分厂运行四班就是其中的一个代表。

运行四班是一个有着 13 名成员的班组，承担着厂区油品储存和输送任务，2004 年中专毕业的王晓刚担任了这个班的班长。同年，在新的一轮责任罐区调整过程中，王晓刚与班组成员讨论之后，主动向分厂领导提出了承包地面不整、条件最差、区域最大的一个罐区，并将其命名为“王晓刚罐区”。

一声承诺，掷地有声，分厂领导和全体员工关注着王晓刚及班组全体成员，赫然醒目的“王晓刚罐区”五个大字的牌子上可容不得画上“黑豆”。

挂牌当天，班组全体成员自觉聚集在一起，讨论接下来的工作。大家均表示要一起加油，把工作干好。

从此，四班的全体同志就努力为保卫“王晓刚罐区”的荣誉而战。这就是他们在日常工作中练就一身过硬技能的原因，这也反映出他们敬业爱岗的一种职业责任。

比如，在一次巡检中，副班长郭辉检查丙烯球罐罐顶时，偶尔闻见有轻微的异常气味，职业的本能提醒他可能有泄漏点。因为当时罐顶风力非常大，一时不能辨别气味来源，他只好根据手的感觉一点一点地触摸罐顶所有管线的焊缝及阀门连接面，忽然他感觉到气相集合管的一道焊缝处有较强的气体喷出，他被吓得打了一个冷战。因为气相集合管与罐体间没有截止阀，如果裂纹增大，罐内丙烯气体发生大量泄漏后，后果不堪设想。他不敢迟疑，急忙把泄漏点报告给分厂领导，并立即组织倒罐、泄压、拆除、补漏，化险为夷。

时过境迁，现在“责任重于泰山”已经成为班组成员每人心中的信念。

 49. 安徽宿州220千伏刘尧变电站创建“五星级变电站”

安徽宿州220千伏刘尧变电站于1999年年底建成投入使用，该站职工的学历都不高，可是他们却把一个老变电站管理成为全省最高级别的“五星级变电站”，是文化让该班组“今非昔比”。建设属于自己班组的文化，是班组成员共同“锤炼”的结果。

一个班组能否形成团队，班组长的素质和思想至关重要。班长不仅要自身精通业务，还要勇于为职工承担责任。作为变电站长的杨军，有时值班员因工作失误被扣分、罚款，总是主动承担“领导责任”。对此他说，职工因一时的粗心造成失误，心情很不好，这时需要有人为他分担。其实，班长承担责任，会使犯错误的职工更加警醒，会赢得职工的心，有利于提高团队的战斗力。

班长思想要领先。班长在生活上要融入职工，但工作上要高于职工，要有指引班组工作的理论水平。比如，对于谋划班组建设、细化制度、确定班组发展目标等，班长要有明确的思路，要知道把职工往什么方向带。杨军9年前担任站长时，就确定了“快乐、和谐、争先”的工作理念，定下这个大目标，分年分段实施，经过数年的坚持积淀，形成了班组文化。

责任心是“发动机”，是核心。一个人有了强烈的责任心，才能发自内心去做事情。一个班组的责任心，就是班组文化的核心。变电运行的主要职责是保设备安全、操作安全、监控安全，做好这些，说到底还是要有强烈的责任意识，凡事讲求“仔细”二字。杨军认为，尽力把每项工作做细，就是尽到了责任心。刘尧变电站学习同行业的事故通报，不仅看到通报分析的表面原因，还分析它背后多种因素，因为事故通报可能会顾及某些方面，它只是揭露问题的冰山一角。他们对事故通报解剖透了、分析透了，然后对照自己找问题，先找班组是否存在共性的问题，再对照个人找出个性的问题。另外，他们对每次重大操作“回头看”。杨军说：“我们每次操作虽然没有出现事故，但不等于没有细小的违章。”把错误的、细小的违章事例当着大家的面说出来，让大家在下次操作中戒除、互相监督，避免犯同样的错误。

“以前大家也有责任心，但不强烈，譬如说《运行记录》，原来记录上写错一个字，涂改或划去后再添加，现在有一个错字也整张撕去重写”“我们做的记录，写时间、站名、工作任务都有规范，时间、站名后面用什么标点都有规定。”副站长王严说。

为了掌握恶劣条件下的设备运行状况，运行人员每天都要在下午2点、一天中温度最高的时候进行设备检查。运行人员每次都要在炎炎烈日下烘烤半个多小时，但没有一个人叫苦，更没有一个人偷偷地变动巡视时间。

把责任内化于心，多考虑细节，这是刘尧变电站实现安全运行多年、获省公司最高级别“五星级变电站”的秘诀，也是确保生产安全最坚实的基础。

50. 江山重工集团钳工一班发挥“头羊效应”受表彰

在中国兵器工业集团湖北江山重工有限责任公司职代会上，总装分厂钳工一班作为2017年标杆班组上台接受表彰。

钳工一班以前给大家的印象是散漫、凝聚力差、战斗力不强，而如今却以执行力好、战斗力强、班组管理有序成为各班借鉴、学习的对象。对此，该班班长张小昌总结了两点：“一是充分发挥‘头羊效应’；二是坚持‘三公’原则，即公平、公正、公开，做到这两点，自然就‘人心齐，泰山移’了。”

钳工一班的变化是从班前会开始的。早期的班前会，由班长传达公司文件，安排布置工作，强调安全和质量，班组员工看起来就是一群“散兵游勇”。借着公司打造标杆班组的东风，分厂开展班组文化重塑工程，钳工一班立即行动，从班前会抓起，严肃纪律，培养良好的习惯。钳工一班由党员、骨干带头，坚决落实分厂上班前十五分钟进行班组责任区清扫制度。为提振班组员工精神面貌，杜绝屡禁不止的散漫、邋遢的班前会现状，班长张小昌决定严格按照班前会召开形式，纠正不良作风。为此，班组特意邀请分厂领导参加，进行监督、指导，起初班组全员对于列队、跨立、点名、发言等仪式感较强的环节感到“不好意思”，班长以身作则，自己点名自己答到，随后大家纷纷扔掉“包袱”，自然地融入这些仪式中。现在钳工一班的班前会，大家昂首挺胸，整齐划一，成为班前会的一道靓丽风景线。

班前会整肃只是治表，团队的作风和战斗力才是根本。钳工一班通过合理优化人才队伍结构，实现技能水平高低搭配，坚持做好工时分配公开、公平，班组员工凝聚力逐步加强，执行力稳步提高。在2017年公司“大干四季度　决战100天”劳动竞赛中，钳工一班承担了四个主要产品关键部件的装配和主要工序调试的攻坚任务，全部按节点完成。

“能战斗不能光靠一股劲，更不能用蛮劲，只有大家水平都提高了，效率才能更高，质量才能更好。”这是班长张小昌常常给班组员工讲的一句话。为加快青年员工的成长，钳工一班通过以老带新，高低搭配作业的方式，让青年员工快速掌握技能；利用业余时间，组织经验丰富的老师傅讲授钳工基础知识，为青年员工成长打牢根基；签订导师带徒协议，根据青年员工技能层次高低，搭配导师，设定培养目标，使青年员工技能水平整体得到提升。两年来，班组先后有 2 人被公司评为二级技师，2 人在公司技能展示竞赛中分获二、三等奖，3 人获高级技师职业资格，3 人获高级工职业资格，班组青年骨干的技能水平正稳步提升。

现在的钳工一班，正在生产日作业计划达成率 100%、质量损失为零的精益管理之路上不断探索前进。

51. 山西春雷公司精轧机班以严格的要求管理班组

质量是企业的生命，晋西工业集团公司山西春雷公司 203 分厂精轧机班一切工作的出发点和归属点便是千方百计保证产品质量。在 2017 年的工作中，班组全员以问题为导向，补短板、扬优势，苦练内功，把价值创造和持续改进的思想和理念融入血液、形成习惯，使精轧机班成为 203 分厂最具有战斗力的班组之一。

精轧机班通过树立“质量第一”的思想，学习质量控制的理论和方法，真正理解“我的一举一动直接影响本工序的产品质量，而且又会影响下一道工序的产品质量”，从而实现了由“向我要质量”到“我要质量”的转变。同时，为激发创新活力，全面提升员工综合素质，促进企业创新发展，班组积极贯彻创新驱动发展战略，以点带面，促进员工的全面发展，打造生产效率高、执行力强、有凝聚力的基层团队，创造工作新局面。

在创建和谐班组活动中，精轧机班形成了讲学习、练技能、求创新、比贡献的良好工作氛围。2017 年，班组成员以严肃的态度和科学的方法正确使用和维护设备，通过岗位练兵和培训，对所使用的设备做到“四懂”“三会”，保证设备的安全稳定运转。

此外，班组还大力提倡修旧利废。为降低维修成本，对于一些小故障，班组成员就自己动手维修解决，综合利用资源、提高设备利用率，在养成节约意识的同时，降低了班组能耗，亲自动手修旧利废成为班组文化的一部分。

精轧机班牢固树立“终身学习”的理念，要求每位员工熟练掌握本岗位操作技能，保证100%持证上岗，100%掌握应知应会操作知识和技能。班组积极开展“5S”管理，要求人人都要掌握具体内容和要求，管理分工到人，将“5S”内容标准化、习惯化。在合理化建议方面，班组全年共提出24条，实施15条。

52. 铜业翼城基地分厂精轧机班的四个“从我做起”

中国兵器工业集团晋西铜业公司翼城基地分厂精轧机班组共有员工17名，担负着该分厂紫铜成品的轧制批量生产及科研产品试制任务。班组成员以问题为导向，补短板、扬优势，练好内功，把价值创造和持续改进的思想理念融入日常、形成习惯，成为该分厂最具有战斗力的班组之一。

精轧机班组以班长孟凡兵为核心，实行分工负责制，充分发挥工会组长、安全员、质量员、现场管理员、经济核算员、精益管理员的作用，班组管理体系和管理机制高效运行，形成了一个有活力、有责任、有能力的基层团队。该班组的做法是四个“从我做起”。

（1）质量控制从我做起

质量是企业的生命线。精轧机班组将产品质量作为一切工作的出发点和归属点，通过树立“质量第一”的思想，学习质量控制的理论和方法，真正理解“我的一举一动直接影响本工序的产品质量，而且又会影响下一道工序的产品质量”，形成从“向我要质量”转变为“我要质量”的良好作业意识。

精轧是关键工序，日常生产中对工序状态进行分析、判断、监控至关重要。班组长根据每个组员不同的特点和生产任务的轻重缓急"对症下药"，有针对性地进行重点培养，从而提高了组员的作业水平。每个作业过程、每个作业动作、每句作业用语，通过对作业过程的剖析，每个操作人员都能了解自己完成各工序的质量，找到影响质量的关键点。

通过开展员工共同质量改进计划，班组成员定期召开小组讨论会议，针对日常生产过程中易出现的质量问题，进行信息交流与沟通，及时解决生产过程中的问题。班组开展 QC 活动，充分调动员工关心质量、参与质量管理、自觉自主地解决身边存在问题的自觉性，进一步激发了员工的荣誉感和进取心。通过生产现场引导、班组培训学习，员工们形成了"下道工序是用户""不接受缺陷、不制造缺陷、不传递缺陷"的工作理念。

（2）班组管理从我做起

精轧机班长孟凡兵既是生产者，又是组织者。这位晋西星级劳动模范深知，欲将班组打造成"五好一准确"生产型班组，要做的工作还有很多。为此，他从精细化管理工作抓起，做到班组管理分工明确，各项民主管理、班务管理项目分工到人、记录在案，并充分利用班前班后会、经验交流会现场指导，做到班组管理人人参与，共建共享合力建设生产型优秀班组。通过各项工作的开展，分厂精轧机班组被集团公司授予"2016 年度优秀班组"荣誉称号。

在创建和谐班组活动中，班组成员积极参与，形成讲学习、练技能、求创新、比贡献的良好工作氛围。2017 年，精轧机班组进一步深入推进班组建设，充分发挥班组建设对全面提升员工综合素质、促进企业不断创新、加快发展的重要作用，以点带面，实现员工的全面发展。

（3）设备维护从我做起

精轧机班组有两台四辊中精轧机和一台20辊精轧机。设备保养是保证产品质量的基础，设备的好坏直接影响生产进度。为此，该班组积极开展“完好设备”“无泄漏”等活动，实行专机专责制，做到台台设备、条条管线、个个阀门、块块仪表有人负责。

为强化班组组员设备自主保全与节能意识，该班组积极开展岗位练兵和培训，要求员工做到“四懂”“三会”，使设备处于良好的工作状态。班组成员严格按操作规程进行设备操作，认真填写运行记录，做好设备润滑工作，严格执行交接班制度，保持设备整洁，及时消除跑冒滴漏。该班组还大力提倡修旧利废工作，要求员工能自行解决的小故障，就自己动手维修解决，提高设备利用率，养成节约意识。

（4）精益求精从我做起

针对精轧工序现有设备生产能力，为把产品再提升一个档次，班组成员集思广益，通过改变支撑辊辊面宽度、减小弯辊使用参数，使辊型变化在生产轧制中变小，由原来的450毫米辊面长度改变为400毫米左右，增加料面与轧辊的接触面，使得生产运行更加稳定。通过改善板型的平直度，2016年板型废品率下降9%。

该班组牢固树立“安全第一、环保优先、以人为本”的理念，做好现场“5S”管理，将“5S”内容标准化、习惯化，并通过开展交流会、现场指导等形式，把精细化理念、目标、方法、成效传递给每一位员工，时时提醒、激励员工参与到精细化管理中来。

四个“从我做起”，让一个平凡的班组，成为优秀班组。

53. 晋西精密机械公司热处理班全员参与小改小革

晋西精密机械公司热处理班有12名成员，这个班组主要承担着公司各类产品的热处理任务。由于所生产产品零部件种类多、形状变化大，为有效提升生产效率，降低生产成本，该班组积极引导，大力支持员工通过小改小革自制工具工装，创新改进生产流程，用智慧和汗水为班组降本增效做出贡献。

清晨一上班，晋西精密机械公司热处理班的庞忠厚就忙着在生产线上转悠了。可别误会了，庞师傅这可不是闲来无事瞎溜达，他是想看看班组最近的生产中还有什么可以改进的。

“哎哟，这回火筐怎么又坏了，又得制作新的，太费时费力了！”身边同事的一句抱怨，让老庞的心中灵感一现。“对啊，这个热处理生产中每天都要使用的回火筐，由于槽沿氧化，使用一段时间后就会腐蚀损坏，只能重新申请钢材制作新的筐子，成本高且费时费力，这个可不可以改进一下呢？”

心中有了想法，平时就爱鼓捣的老庞这下又坐不住了，“怎么改、从哪里入手？是改变回火筐的材料结构还是寻找新的替代工具呢，这个替代工具又该上哪去找呢？”一个个想法开始在老庞的脑海里跳跃着。

众人拾柴火焰高。一个人的智慧不够，老庞就发动徒弟岳光一起想办法。师徒二人时刻留心、处处观察，不放过车间工房的每一个犄角旮旯。功夫不负有心人，还真让俩人寻到了“宝贝”。

原来线切割设备在进行水循环生产时需要使用滤芯进行过滤，而滤芯使用一段时间后必须更换新的，更换下来的旧滤芯就报废了。师徒二人把报废的滤芯拿回来一比较，发现滤芯的外形和回火筐一样都是筒状的，拿尺子一量，筒圆直径也和回火筐的差不多，最关键的是滤芯的筒壁是细密的网状结构，不仅不会影响槽液渗入，小一些的产品零件放进去也不会掉出来，比以前的回火筐还好用，关键就看滤芯的材质是否符合工艺要求。细心的老庞又去线切割生产线详细了解了滤芯的材质，发现滤芯不仅符合工艺要求，而且材质更加稳定。老庞他们又反复试验了多次，最终将滤芯确定为回火筐的替代工具。

“原来使用原钢材质制作的回火筐，材料稳定性差，容易被氧化，而且每次制作新的筐子都要经过弯材、压折、焊接等多道工序才能完成，费时费力，成本还高，现在我们只要把滤芯拿回来清洗一下就可以用了，既省事还节约了很大一笔费用。”庞忠厚高兴地说。

在晋西精密机械公司热处理班，像老庞这样立足生产、立足岗位，善思考、勤改善的事例还有很多。

仪表工孙素华、马杰和侯雅娟发现，平常测量炉温用的热电偶在买回来时都是直杆型，适合水平放进箱式炉内，如果垂直放进井式炉、盐浴炉里，因为缺少吊挂装置，取放时很容易掉进炉内，所以每次都要用吊钩或夹子等辅助工具，还要防着飞溅出的高温槽液，使用起来非常不方便。姐妹三人开动脑筋，反复思考试验，还发动车间的电工师傅帮忙，在不改变其电路工作原理的前提下，对用于井式炉和盐浴炉内的热电偶进行了线路改造，将原来的直杆型改成直角型。这样直角型的杆子可以垂直吊挂在炉边，取放都只需接触炉壁外边的部分即可，简单方便，安全性还高。

班长陈海潮在巡查生产时发现，像钩尾销这种的小零件在进炉时，需要一个一个拿钩子挑进去，长时间在高温炉前劳作，员工不仅热得够呛，工作效率还不高。

有没有什么好的解决方法呢？陈海潮拿出了“杀手锏”，把班组员工召集在一起进行“头脑碰撞”，激发大家的思维，在你一言我一语中创意就产生了。经过反复讨论、揣摩、试验、改进，班组最后用废旧的钢材边角废料设计制作了辅助工具吊架。现在，一个吊架上装有 12 个小吊钩，生产时可以一次吊装 12 件产品同时装炉，操作简单快捷，既提高了生产效率，又缩短了工友们的高温炙烤时间，深受工友们欢迎。

尝到改进“甜头”的班组员工，纷纷加入小改小革的队伍，小到给淬火槽安装个水龙头，大到对热处理生产流程的优化。这些原本使用起来不太方便的工具、不太顺畅的生产流程，经过革新和改进，变得顺手了、流畅了。

如今，小改小革在热处理班已蔚然成风，看着一个个智慧“火花”的争相迸发，一条条革新创意的相继实施，一项项成本费用不断降低，班组员工创新的热情更高了、劲头更足了。

54. 江南工业集团公司焊线班敢拼、敢做、敢创新

她们是一群女“焊”子，她们敢拼、敢做、敢创新，成为完成多种产品生产总装的“压轴兵”，她们就是获得“全国五一巾帼标兵岗”的焊线班18名女员工。

江南工业集团公司五分厂054车间焊线班共有员工22人，其中女员工18人，承担着公司多种系列产品的重点关键工序——焊线工序。焊线工作的特点是焊点多、工艺复杂、技术要求高，所以她们身上总是携带着笔记本，随时记录专家们讲授的技术要点。她们记录的二十多万字的操作技术要点，笔记本摞起来有半米高。

因为生产的特殊性，五分厂经常要进行生产的突击战。每当突击战的“集结号”吹响，焊线班的18名女员工就会快速行动起来，投入没有硝烟的“战斗”之中。一次，公司有几亿元的产值急需完成，而大部分任务压在焊线班员工的头上。怎么办？焊线班开展了“大战80天，坚决完成年度目标任务”的劳动竞赛活动，每天工作10小时以上。经过几十天的鏖战，焊线班最终完成了年度生产任务。

该班员工在生产中注重理论联系实践，经常组织QC小组成员结

合精益生产方式对工位器具进行改善，并针对产品的成本、工艺等方面提出合理化建议。某工序以前是用笔一根根地测量导线的通路，比较慢，后来，班员汪菲琢磨出了个好办法：她将特制的尺与表笔相连后，直接将导线“点”在尺上测量，使导线的通路一目了然，极为快捷方便。这一方法在班组推广后，工作效率提高了一倍。6 种长度大小不一的套线管，混放在一起容易出错，该班员工就用废弃的瓶盖做成了专用的器具，分别放置不同的套线管，这一办法使产品装配起来十分清晰。

2014 年该班提出了 30 多条合理化建议，均被采纳，已实施 25 条，为公司创造利润 40 多万元。

55. 西安庆华民爆公司紧口三班创比质量、比安全的氛围

西安庆华民爆公司 305 车间紧口三班成立于 2011 年，主要承担着公司导爆管雷管、抗水雷管、非电传爆系统以及外贸非电雷管等高精尖产品的装配生产任务。这个任务非同小可，因此班组成立之初，该班组就以“打造精品班组，争创先锋团队”为目标，在长期工作中，坚持“安全第一、预防为主、综合治理”的方针，以严格的管理夯实了安全生产的基础，形成了严谨、仔细、实干的工作作风，使班组在质量管理方面成绩突出。2014 年 9 月，该班获得“2014 年度兵器行业质量信得过班组”荣誉称号。

该班是一支年轻、富有朝气的队伍，现有成员 42 名，平均年龄 30 岁，其中大专以上学历 33 人，技师 1 人，高级操作工 25 人，成员理论知识扎实、实践经验丰富、业务能力过硬，是公司一支专业技术型队伍。

该班始终以“保证安全生产，培养复合人才，确保工作质量，

打造班组品牌”为班组建设的目标，全体员工以饱满的热情和认真的工作态度，团结一心，在巩固优良传统的基础上，开拓创新，多措并举，突出以人为本，追求团队协作与个人价值在工作中双重表现。

班组确立“五大员”核心团队，明确“五大员”责、权、利，注重发挥“兵头”在班组生产、质量、安全、民主、文化中的作用，形成班组长、“兵头”和“五大员”共同管理的班组核心团队。班组员工既是管理者，又是被管理者，大家共同参与班组生产、质量、安全及文化管理，推进班组精细化、规范化建设，增强班组基础管理能力，并逐步提升班组创新能力，使班组核心竞争力显著提高。

班组遵循“把合适的人员放在合适的岗位”，定期对员工进行培训学习，每年“春节”“五一”“国庆”假期后对员工实施100%质量安全工艺考核。同时，班组结合岗前培训、老员工传帮带新员工等手段，使班组新员工尽快融入班组。班组员工积极进行自我提高，2013年至今，先后有15名员工学习高级操作工，6名员工学习中级工，6人参加了电大继续教育，使班组成员素质得到大幅度提升。

班组长期开展岗位练兵、劳动竞赛等活动来实现员工自我超越，形成了比质量、比安全、赛技能的良好氛围，使大家的操作技能不断提高。班组李锦峰、王和平在2012年参加公司举办的技能大赛中取得优异成绩。

紧口三班的作业是产品生产的最后一道流程，该班组突破种种压力，在挫折中不断前行。2013年，班组遇到了前所未有的挑战，给某客商生产的产品出现了起爆威力不足的质量事故，给这个“视质量为生命”的班组当头一击。事件出现后班组认真配合调查，虽然最终调查证实不是该班负主要责任，但是也暴露出班组在质量控制环节上的不完善。有则改之，无则加勉。班组有针对性地开展了全员自检、班组抽检、驻班组检验人员巡检等检查，强化责任意识，奖惩明确，充分发挥“五大员”作用，抓住了创建质量信得过班组之要。特别是外贸客户，对产品外观、质量及装配过程控制有极高的要求，为控制一些质量细节，班组员工逐步形成了“监督上道工序，控制本道工序，服务下道工序”的理念，提高了产品质量和工作效率。

该班组员工还针对生产中存在的瓶颈，成立了“提高非电传爆系统生产效率”QC课题，仅2012年就节约人工及材料成本23万元，由于效果显著，当年被公司评选为QC成果一等奖。班组成立多年来，始终坚持开展QC小组活动，小组成员已能熟练地运用质量管理工具来解决工作中的实际难题，保证年年有成果，使班组创新能力进一步得到提升。

56. 工具工装分厂机加二班获得“五星级”班组称号

什么是好班组？河北二机工具工装分厂机加二班给出了自己的答案，那就是坚持走“精益求精、追求卓越、技能创新、强化管理”的班建之路，使班组“小细胞”激活企业发展“大能量”。

机加二班现有员工10人，平均年龄37岁。近年来，无论承担的生产任务多么繁重，无论各项工作多么繁杂，班组成员都能立足岗位、精细管理，务实创新、攻坚克难，不仅圆满完成了公司的各项生产任务，并多次荣获河北省总工会“模范职工小家”、集团“五星级班组”等荣誉称号。

（1）勤奋学习，提升操作技能

一个优秀的班组，不一定独具天赋，但一定是善于学习的班组。近年来，随着公司的发展，各种型号的新产品试制生产任务日益增多，对一线员工的操作技能水平要求更高。机加二班顺应发展要求，在班长白加旺的带领下，积极打造学习型班组。他们利用班前会、工余时间学习生产操作技能，并定期组织开展知识竞赛，鼓励员工创新加工方式方法，苦练岗位操作技术技能，向“多能工”方向发展。

多样的技能培训和知识素质教育，培养了一个个“精兵强将”，也造就了机加二班这支高效精干、技术精湛、作风过硬的班组。2013年，班组有 3 名员工参加了燕赵金蓝领培训，并取得了技师资格职业证书；6 名员工取得了集团职业技能协会会员资格。由班组成员共同创新的高硬度深孔角度对接方法，更是一举拿下了集团第二届技能创新大赛三等奖的好成绩。

（2）创新改善，实现降本增效

创新力是班组建设的原动力。机加二班始终把激发员工的技术创新热情作为首要工作，鼓励员工搞革新创造，向技术创新、小改小革要效益；团结协作，攻关生产技术难题，打通阻碍生产的瓶颈。在加工某科研急件任务时，某关键部件材质为紫铜板，在锻压成型过程中，产品质量合格与否关键在模具，而模具在使用过程中极易受到气温、环境及回弹系数等因素的影响，稍有偏差，就会影响产品质量，而频繁更换模具生产成本很高。为攻克这一难题，班组员工加班加点，经过多次测量计算，提出采用分段、拼接和互换等技术，通过一遍遍反复操作试验，最终解决了瓶颈问题，确保了产品质量，仅此一项每年为公司节约 20 多万元的模具制造费用。

在修整砂轮时，班组员工发现，修整工具采用的是一克拉天然金刚石，每块价值 1 300 元左右，成本较高，而且使用天然金刚石修整工具，并不能达到最好的效果。于是，班组试着使用了较为便宜，但是磨削效果更好的人造金刚石，结果发现刀具的磨削质量有所提高，这项创新改善不仅每年为公司节约费用一万余元，而且大幅度提升了加工量具的精度。

目前，精益改善已成为该班组的一大特色。仅 2013 年，班组提交并组织实施合理化提案90余条，取得创新创效改善成果2项，有效解决了生产技术难题，创造经济效益近200万元，为公司降本增效工作的开展做出了贡献。

（3）强化管理，打造和谐班组

“班和万事兴”。机加二班始终按照优秀班组的标准，加强班组基础管理，打造和谐型班组。班组通过不断健全完善各项班组管理制度和记录，将执行有效的管理制度固化下来，形成常态机制，促进班组管理水平不断提升。

机加二班积极开展“老带新、师带徒”“一帮一”“结对子”等活动，营造共同学习、共同攻关的良好氛围，促进班组员工共同进步、共同成长。该班还充分利用每周的例会、班前会、质量攻关小组，开展经验交流、工艺攻关等活动，为班组员工提供交流学习、切磋技艺的平台。也正是通过这样一个平台，班组成员先后解决了很多生产技术难题，独立完成了技术攻关、技术改进项目8项，累计创造经济效益近30万元，为公司生产任务的圆满完成做出了贡献。

管理创新凝结班组文化，班组文化推进管理创新。机加二班积极向上、勇于创新，在平凡的工作岗位上，做出不平凡的业绩。

57. 掘锚六队生产二班实施“四个第一”管理法

第一个第一：班前会第一件事是观看事故案例教育片。学习事故案例，一是可以提高员工安全意识，二是提醒当班队员及班组长在安排工作时结合案例及当班任务布置安全工作。

第二个第一：交接班时第一时间确认事故隐患并进行岗位危险源辨识，整改消除事故隐患，确保当班作业安全。

第三个第一：在工作中发现不安全行为第一时间制止，将不安全行为管控落实在现场，做到现场制止、现场消除、现场整改，并在第二天班前会要求不安全行为人现身说法，说出当时的想法，以此来教育其他员工。

第四个第一：员工在工作中难免发生误会和矛盾，班组长应在第一时间进行调解，并在当天利用工余时间分别与他们进行沟通，化解矛盾。为了能让员工相互体谅，相互包容，班组还以大家最喜欢的方式，利用每月倒班的机会，约大家聚餐，把那些不满、纠纷、矛盾都统统说出来，彼此红红脸，杜绝背后乱说一通，影响班组和谐团结。

58. 轿子山煤矿谷卫甫班六年没有发生人员违章的做法

河南能源化工集团永贵能源轿子山煤矿采二队谷卫甫班由 22 名职工组成，平均年龄 35 岁，这支勇争先锋的突击队，在安全生产中大显身手：每月都超额完成生产任务，连续实现安全生产 3 070 天，累计安全出煤约 240 万吨。成绩和荣誉的背后是心血和汗水，心血和汗水也换来突出的业绩，谷卫甫班荣获省“工人先锋号”称号。

（1）带头实干争先锋

“己不正不能正人。”这是谷卫甫常挂在嘴边的一句话。作为兵头将尾的他，每月下井均在 27 个以上，时时处处发挥着模范带头作用。

谷卫甫班有一条不成文的规定：要求班组成员做到的，班长首先要做到。按照谷卫甫的理解，“班长是指挥员，也是战斗员。生产中必须带头实干，这样大家才会信服你。”

一次，9806 采面遇到断层，在回采中出现顶板破碎、瓦斯异常等情况，他带领大家迎难而上，和大家一起想办法支护顶板、设置风障、排放瓦斯等，有效控制了采面顶板安全及瓦斯零超限，使 9806

采面安全顺利回采，保证了采二队超额完成原煤生产任务。

也正因如此，谷卫甫班形成了不怕任务重、不怕条件差，不怕苦累、敢打敢拼的作风。在回采 9708 及 9806 采面期间，回采工作均受到断层、煤层薄、瓦斯异常等影响。面对困难他们没有退缩，而是积极应对，解决了一个又一个影响安全生产的难题，保证了采面安全顺利推进，创出了永贵能源单班年产最高的水平。

（2）严抓细管出成效

“严抓细管才能出成效”是谷卫甫班信守的理念。该班按照《新型班组建设条例》要求，设立了工资分配监督员、工程质量验收员、安全群监员等，确保对各项工作监督到位。

对安全、生产、工程质量、工分、考勤等情况，班组坚持日公布、周总结，确保及时公布、严格考核、奖罚分明。班组开展质量标准化创建，坚持上标准岗、干精细活、当放心人。对出现的质量及隐患问题，班组及时落实整改，使工程质量达标率保持在 95%以上。

在“双创”活动中，该班加大对新成果、新技术、新工艺的推广应用，完成了多项科技创新项目。其中，预裂爆破顶板沿空留巷创新项目获集团公司第三届科技进步三等奖，该技术推广应用后，每年为矿上节约资金上千万元，使采面回采率达到 95%以上。

（3）打牢基础筑屏障

谷卫甫班始终坚持“抓基础与抓管理相结合”的工作思路，从夯实安全管理基础做起，有力促进安全管理水平提升。

班组认真制定落实班组长、职工安全生产责任制，让班组成员共同承担安全责任，强化班组内部安全联保和责任追究，对安全责任人、联保人实行连带处罚，进一步提高安全的自觉性和积极性。

班组利用每周一、三、五“学习日”强化安全教育，组织职工学习安全法律、法规，抓好规程、措施的学习和考试，使所有职工切实掌握现场安全生产应知应会知识。

谷卫甫班把班组成员分为“优秀、一般、不放心”三类，推行“优秀职工起带头作用、一般职工有待提高、不放心职工重点帮教”的“一对一安全管理法”，起到了学习先进、鞭策后进的效果。

谷卫甫班自成立以来，班组成员没有出现一起“三违”现象，在全矿采掘区队班组安全“双基”及质量标准化检查考核评比中，均取得好成绩。

59. 北方重工集团装配钳工三班创省级优秀班组

北方重工集团公司装卸设备分公司装配车间钳工三班的作业现场宽敞整洁，绿色交通道明亮如镜，产品摆放整齐。钳工三班虽然没有安全标语，没有安全口号，但却是省级优秀班组。

装配车间钳工三班是一支技术全面、富有战斗力、善打硬仗、充满活力、有强大实力的青年队伍。班组现有员工 23 人，半数以上为大中专毕业的青年人。正是这帮年轻小伙子凭借高超的技术和团结协作精神，在 2009 年完成了 100 多个滚筒组装等任务。

（1）班组领头雁，安全“指南针”

班组长是班组的组织者和决策者，也是班组安全生产的第一责任人、安全措施的最终落实者。因此，首先必须选拔政治思想好、安全责任心强、技术素质高、管理能力强的职工担任班组长。经过民主选举，范义于 2000 年担任了钳工三班班长。他上任开始便组织班组成员开展班组安全员培训，培训内容包括政治思想、政策法规、文化知识、管理知识、操作技术、工艺技术等多个方面。在班长的带动下，全班工人共同学习，目前有高级技师 3 人、技师 5 人、高级钳工 12 人。在良好的学习氛围中，先后有多人利用业余时间自学了大专课程。他们把所学的知识同掌握的技术相结合，并将其运用到工作当中。班组长组织技术骨干成立了攻关小组，凭借扎实的机械制造专业知识和多年工作经验，解决了100余项技术难题，完成了30余项技术革新，提出安全合理化建议70多条。他们还总结出了一套“长型堆取料机装配操作，演装的边界及演装工艺”，这项工艺在改进后不但提高了生产质量，更重要的是缩短了工作周期。他们还利用边角余料自制工装胎具10余台，标准件回收再利用共节约5 000余元，节约润滑脂80余桶，在保证生产通用化、系列化、简便化的同时，还为企业节约成本120余万元。

范义担任班组长的10多年间，钳工三班从未发生过工伤事故。班组员工异口同声地说，现在的辉煌是范义带领员工们取得的，这也应了那句“火车跑得快，全凭车头带”的名言。

（2）狠抓制度落实，创建安全管理网络

钳工三班率先在北方重工集团有限公司建立了安全管理网络，制定了安全生产目标，完善了班组安全生产制度及各种台账记录。班组自建10项规章制度，即安全管理制度、质量管理制度、设备管理制度、钳工三班管理制度、钳工作业操作规程、钳工三班员工安全文明公约、钳工三班“四比”制度、钳工三班“四互”制度、钳工三班“三重”制度、钳工三班“一转变”管理体系。班组每天必开班前例会，随时传递最新的生产、安全信息，并向员工宣传安全生产方针政策，分析当前安全生产形势，了解基层安全生产状况和班组安全管理情况。班前会上，班长听取安全员班前检查情况汇报，考察员工是否认真细致地进行了班前检查，并布置本班安全生产工作。班组安全员在班前会开始前，针对当日具体工作强调安全注意事项，提醒职工加强安全责任，确保生产安全。同时，钳工三班还加大了班前、班中的安全检查工作力度。开展班组安全检查，是坚持“安全第一、预防为主、综合治理”安全生产方针的要求，也是做好安全生产工作的关键。班前，班长范义对本班组所管辖的设备设施进行全面检查；班中安全检查则是班组安全员每 2 小时巡检 1 次，日复一日，年复一年。

根据生产实际，班组制定了《关于明确班组天天是安全日、人人是安全员的有关规定》，以制度的形式明确班组安全活动要求。班组每天进行安全检查，人人既是安全员，也是监督员。班组员工还利用业余时间自主学习一些事故案例、钳工等相关工种的安全工作规程、安全技术知识。班组安全活动的记录按统一记录格式填写，要求应到与实到人数相符，所有参加人员必须自己签名，没有参加人员要补学，每次活动记录都有班组长的签字，严格考核。下班前，班长总结一天的安全生产工作，让每位员工谈一谈各自的操作安全经验、某项操作的特殊体验或安全认识方面的变化，相互交流，并进行示范讲解，共同提高。

(3)“走、看、说、盯、听”，提升班组安全管理

装配车间钳工三班，安全管理难度非常大，装配钳工的管理工作关系到生产安排是否有序、合理。班组既要像调度一样管理生产计划，制订特殊情况的紧急安排计划，还要经常整理收到的部件，及时地将成套的部件进行分组装配。为提高班组现场管理能力，充分发挥现场安全第一责任人的职责，班组在狠抓现场管理的同时，制定了班组安全管理考核办法。为了进一步把班组管理好，确保作业现场的安全，班长范义根据自己 10 年的生产管理经验，总结出了“走、看、说、盯、听”5 个字现场管理基本方法，被员工们称为“五字法”。

“走”，就是多走动，在班组的工作场所实行循环走动式管理，全面了解现场工作，确保工作安排无缺失、薄弱地点无遗漏。

“看”，即认真查看现场的各地点、各岗位，仔细查找不安全因素，时刻“擦亮”发现隐患的眼睛。

“说”，即每到一个工作岗位，要把不安全因素或隐患告诉职工，并把最佳的处理方法告诉职工，同时限定在最短的时间内进行整改，在未整改前必须做好安全监控。

“盯”，现场发生突发问题和发现不安全点，要尽快解决问题。

“听”，班组成员班前认真听取副班长对现场的分析和安排，保证分工合理、重点明确。在现场，班长随时听取员工对安全生产的合理化建议，经讨论分析后要及时采纳。

（4）群策群力，班组创出大效益

钳工三班是以大型设备的装配加工等生产为主的综合性班组。班组所用工件庞大，劳动强度大，操作复杂程度高，安全系数低，可是全班员工没有退缩，勇于挑战。

班长主动研究对策，吸取以往经验，学习新的管理理念，根据班组每名员工的具体情况和技术水平，组成了 5 个技术平均、配合程度默契的装配加工小组。班组还根据班组成员的特点，组建技术帮教小组、技术攻关小组、现场环境管理小组等，以随时应对各项工作任务。

2010 年 3 月，钳工三班完成了公司出口印度委丹塔大型斗轮堆取料机的生产任务。该设备质量要求严、精度标准高、合同交货期短。为了赶时间，钳工三班成立了攻关小组，员工自制了专用工具，还发明了“盲孔”斗轮演装法，将工作效率提高了 2 倍。班组还实行了两班倒的工作方法，轮流投入生产。经过 20 余天的艰苦奋战，凭借着惊人的毅力，他们硬是用现有的机床设备加工出印度监制人员都信服的产品。

在班长的带领下，钳工三班凭借高超的技术本领及独特的管理方法，成为一支技术全面、富有战斗力、善打硬仗、有强大实力的青年队伍。哪里有难题，哪里就有他们的身影。凭借突出的成绩，该班组先后获得了“辽宁省优秀班组”“辽宁省五一先锋号”等荣誉称号。

四、不同班组长安全管理的“独门绝技”

在班组建设中，班组长的作用极为重要，他不仅是班组的管理者，还是班组各项活动的核心。这样的位置、这样的责任，要求班组长要与班组员工进行良好沟通，认真倾听员工的需要、问题和想法，取得员工的信任和认可，增加员工的自豪感，促使员工共同参与班组的决策与计划，并在制定出好的决策与计划后，合理地分配生产任务，培养与激励员工有效完成任务。大量事实证明，班组长如果能够真心实意把班组成员当成兄弟，坚持亲情管理，做到融合沟通，吃得苦、吃得亏，那么班组就一定会形成团结务实、战斗力极强的团队，就会创造出想象不到的优异成绩。

60. 七星公司开拓四队班长白国周的亲情和谐法

中平能化集团七星公司（原平煤集团七矿）开拓四队班长白国周在生产过程中，严格落实安全生产的各项制度，不断探索班组安全管理的新方法。他先后总结提炼了理念引领法、班前礼仪法、指令处理法、“三不少”隐患排查法、“三必谈”身心调适法、“三快三勤”

现场管理法、互助联保法、手指口述交班法、亲情和谐法等班组管理方法，并坚持把这些管理方法运用到生产实践中去，创造了22年没有出现任何安全事故的奇迹。

白国周在班组管理中运用的亲情和谐法，特别值得关注。

（1）“三必谈”身心调适法

“三必谈”即发现情绪不正常的人必谈、对受到批评的人必谈、每月必须召开一次谈心会。

1）发现情绪不正常的人必谈。班组长要注重观察工友在工作中的思想情绪，发现情绪不正常、急躁、精力不集中或神情恍惚等问题的，及时谈心交流，弄清原因，因势利导，帮助解决困难和思想问题，消除急躁和消极情绪，使其保持良好心态投入工作，提高安全生产的注意力。

2）对受到批评的人必谈。对受到批评或处罚的人，班组长应单独与其谈心，讲明批评或处罚的原因，消除其抵触情绪。

3）每月必须召开一次谈心会。班组应坚持每月至少召开一次谈心会。工友聚在一起，畅所欲言，共享安全工作经验，反思存在的问题和不足，相互学习、相互促进、取长补短、共同提高。

在大家眼里，白国周是个随和的人，但有时候，为严格执行操作规程，白国周几乎到了不近人情的地步。有一年5月底的一天，一位工友上午在农村老家收完麦子，下午就急匆匆地赶回矿上，要四点上班。因为他知道，上完这一个班就可以拿到保勤奖了，不然不仅拿不到奖金，还要被扣去工资的20%，里外一算就要损失五六百块钱。白国周看到他一脸疲倦，问明原因后，坚决不让他下井。

“没事，没事，咱这身体，不碍事。”工友拍着胸脯连连解释。

“碍事就晚了，不能下！”一向温和的白国周毫不留情地拒绝了。

事后，白国周找到这位工友，耐心讲解其中的利害关系。他语重心长地说：“你的心情我理解，咱到矿上就是为了挣钱，但没有了安全，挣钱还有保障吗？家人每天都盼望我们能平平安安的，万一有什么闪失，你想过后果吗？”一番话让工友连连点头。

在白国周的影响和带动下，班里工友们的安全意识不断增强，逐渐养成了遵章守纪的习惯。一次在井下施工中，大家像往常一样来到工作面准备掘进时，白国周感觉快到位置了，用尺子一拉，刚好到位置。按照规定，必须再打 50 米钻孔观察后才能掘进。怎么办？如果继续掘进，就等于没有安全措施冒险施工；如果不掘进，今天这个班大伙儿就有可能白上了。大伙儿齐刷刷地把征询的目光投向白国周。虽然白国周心里早已拿定主意，但还是问大伙儿：“大家说咋办？”大伙儿坚定地说：“就是损失点也不能冒险施工，万一有啥闪失，后悔也晚了。”

（2）亲情和谐法

亲情和谐法主要包括亲情、文明、民主、和谐。

1）亲情。班组长要准确掌握班里每个工友的详细家庭情况。工友过生日，班组长要组织大家一起去庆贺；谁家有困难，组织大家一起去看望；工友心里有解不开的疙瘩，组织大家一起去开导；逢年过节，工友都带着家人一起聚会、一起热闹。

2）文明。针对井下职工习惯性说脏话、开玩笑过火等不文明现象，班组长要求班组成员做文明人、行文明事、上文明岗，避免因伤和气影响团结，避免因不良情绪影响安全生产。

3）民主。分配工资时，班组长要广泛征求工友的意见，根据生产任务、安全状况、工程质量、文明生产等日常考核情况进行分配，并找几名班组成员全程监督。

4）和谐。工友在工作中偶犯错误，班组长不乱发脾气，不生硬批评，而是循循善诱，因人施教，耐心指出问题的根源；遇到问题时，不自作主张，和工友一起协商解决。

开拓四队一位职工，原来是白国周班的员工，现在只要提起白国周对自己的帮助，这位不善表达的汉子仍然感激万分。那一年，这位职工由于个人感情出现问题，刚开始上班时一直都是应付了事，出勤也不正常，有时 1 个月出勤还不到 10 个班。对他的表现，当班长的白国周都看在眼里。一次下班后，白国周叫上他一起去吃饭，吃饭时聊起了个人感情问题。白国周的真诚很快打动了他，性格内向的他也终于敞开了心扉。白国周劝他要树立克服困难的决心和信心，鼓励他只要努力工作，是可以改变生活现状的。为了激励他，白国周与他击掌立约：如果他每个月安安全全上够 25 个班以上，就请他喝酒。

在接下来的日子里，白国周一边鼓励这位职工多上班、多出勤，一边手把手地教他安全生产的知识和技术，甚至每天上班还专门绕路喊他一起走。那个月，这位职工安全出勤了 25 个班，白国周立即兑现诺言。白国周的鼓励、大伙儿在工作中的互帮互助和安全生产带来的可观收入，使这位职工逐渐对工作产生了浓厚兴趣，上班正常了，干活儿卖劲了，很快就熟练掌握了一线掘进工的各项技能，成为生产中的骨干。

61. “十佳班组”机动一班班长张鹤鸣的班组“管理经”

实现“安全为天，幸福相伴”的安全观，加强班组安全文化建设尤为重要。河北兴泰发电公司锅炉检修分公司机动一班连续多年获得公司“十佳班组”、河北省电力公司安全生产“先进班组”，并被授予“全国质量信得过班组”等荣誉称号，班组的安全文化建设搞得红红火火。说起他们的“管理经”，班长张鹤鸣侃侃而谈：搞好班组安全文化建设，重在以情感人、以言服人、以行化人，做职工的贴心人、领路人、带头人和明白人。

（1）做职工的贴心人

“安全工作不同于其他工作，它涉及工作现场的方方面面、各个角落，要求有一万分的保险，而不能有万分之一的‘盲区’‘死角’和‘漏洞’。做好安全工作，单单依靠某个领导或某个职工是无法实现的，它需要基层班组长齐抓共管，需要班组员工群策群力，共同努力。要把先进的安全管理理念贯穿到具体的工作当中，把安全意识渗透到每一名职工的心中，把大家的思想统一到‘以人为本，安全第一’的思想上来，努力在企业内部营造一种人人重视安全、人人保证安全的良好氛围。”张鹤鸣在多年的班组安全管理中总结出一套适合本班组实际的安全管理工作方法。

在张鹤鸣看来，首先，班组长作为企业的“兵头将尾”，不能以一名普通职工的标准来要求自己，所有的工作都要身先士卒、以身作则，用自己的实际行动感召班组成员。如果不能从严要求自己，工作就不可能开展好。因此，在日常工作管理中，他认准了一个理，就是“严于律己、宽以待人”。遇到班组成员发生纠纷时，他处理起来坚持公道、以理服人、不怕得罪人，在班组树起了除歪风、树正气的良好风气。其次，当好班长首先要明确自己所负的责任，不但要对工作尽心尽责，还要时刻关心班组成员的生活和工作，及时了解职工的思想动态，要做到“时时处处了解人、真心真意尊重人、实实在在关心人”。在实际工作中，要用道理启迪、用行为召唤、用典型引路。对自己一日三省，靠人格的魅力带动和激励大家。

“如果班里的成员在某些方面遇到了困难，要想方设法尽力帮助他们摆脱困境。这样时间久了，班里的同志都把我当成他们的知心朋友，有什么心里话都愿和我聊一聊。”班里有一名职工，家在农村，家庭条件不好，1998 年爱人患白血病去世，使本来就很困难的家庭雪上加霜，张鹤鸣就和分公司领导一起组织职工为其捐款 5 000 多元，帮助她解决一些实际困难。春风化雨润心田。在张鹤鸣的感召下，班组职工的工作干劲空前高涨，人人讲安全，个个做安全生产的传播者和践行者，班组的安全生产得到了保障。

（2）做职工的领路人

“人是企业的灵魂，若不终生学习，就会导致知识落后，失去创新的力量和源泉。班组需要培养和发扬企业全员终生学习的风气，不断进行知识‘充电’，吸收新知识，创新思路。”张鹤鸣说。

培训是班组安全文化建设的基础，在抓职工培训上，张鹤鸣主要结合日常检修工作中出现的一些不安全现象及职工中出现的情绪不稳定等实际情况，有针对性地组织开展班前会、座谈会、交流会、岗前培训、岗位练兵、案例教育、观摩学习、分析讨论、预案演练等多种形式的活动，做到寓教于乐。同时，班组在培训工作中改变了以往那种“头痛医头，脚痛医脚”的痼疾和“不出事故不培训，出了事故才培训”的做法，进一步激发了职工兴趣，让班组职工从培训中不断提升素质，陶冶情操，提高了职工搞好安全活动的积极性。

抓好学习的落实是组织职工政治学习的重中之重，机动一班积极响应公司号召，倡导终生学习，提高班组全员的综合素质，树立一种不断学习的理念，以知识重塑班组发展，不断为班组注入永续发展的动力。班组坚持从政治学习入手，在时间、内容、经费上都有措施给予保证，制定了学习时间和学习内容，为班组职工配备了一些图文并茂、通俗易懂的政治学习书籍，做到了正确灌输、寓教于乐。通过班组全员的互动和学习实践，职工的学习能力和创新能力明显提升。多年的学习经验表明，只有时常注意研究新情况，拿出新办法，切实把职工安全教育和政治学习抓起来，职工的安全意识才会逐步提高。

（3）做职工的带头人

张鹤鸣认为：“抓安全生产工作，必须做好人的工作，这是思想政治工作的重要体现。”班组通过认真分析近几年兄弟单位发生的事故，得出了这样的结论：事故的发生不只是人的安全技术素质不高，也不只是企业的安全投入不够，主要是人的思想在作怪，传统的观念制约着班组职工的思想和行为，是“艺高人胆大”“图省事、怕麻烦”、简化工作程序、违规操作的侥幸心理在作怪。因此，班组必须清醒地认识到，抓人的安全意识是一个长期的工作，不是一朝一夕、一蹴而就的事情，应从最基础的环节抓起，从转变人的观念抓起。

班长应把集体利益放在第一位，不能因个人的利益斤斤计较，要跟班组成员搞好团结。机动一班在班组安全管理方面取得了明显的成绩，是与一个强有力的班组核心分不开的。班组在进行较大项目的工作以及较为敏感的奖金分配等问题上，首先同班委会成员商量，将大家的意见集中起来，分析有哪些矛盾；工作中遇到什么困难，班组充分发扬民主，集思广益，就工作的难点和热点问题充分交换意见，最后做出决定。公司大修期间，考核和奖励的力度特别大，这就给班组的奖金分配带来了不少困难。奖金的分配基本上是在吃“大锅饭”，但分公司要求必须考核到人，所以受到考核的人员就会接受不了这个现实。张鹤鸣就召开班委会，让大家献计献策，商讨奖金的分配问题，经过多次商讨、举手表决，制定出了《消缺奖发放办法》《安全生产制度奖惩办法》《经济责任制考核及综合奖发放办法》等，并依据这些办法对劳动纪律及班里的一些日常制度重新做了修改和完善，之后在班务公开栏里公开，以公开和公正的管理模式，使班里的民主管理制度得以体现。

（4）做职工的明白人

“企业安全生产、职工的生命安全与企业的改革、发展和稳定息息相关。”张鹤鸣说：“‘预防为主’是安全生产的一条基本原则，也是一条基本经验，安全生产是企业发展的根本。班长，作为一名基层班组的管理者，既要当好领导的参谋与助手，又要当好班组的带头人，要满腔热情地关心职工的安危，不辜负领导的期望和职工的信任，站好岗、把好关。”他的做法是运用好“望闻问切”四诊法，对症下药，标本兼治。

1）望。注意观察班组职工的情绪。在班组管理中，班组长要善于观察每位职工的表情，注意心态的微小变化，从中发现其情绪的波动。如果发现不安全的情绪因素，班组长要及时采取疏导和教育的方法使其工作不受影响。特别是在重大施工、操作前，班组成员有异常情绪，班组长一定不能不闻不问。

2）闻。倾听班组职工的意见。班组成员是企业生产的主体，班组长要经常听取大家对安全工作的意见和建议，从班组职工的言谈中得到有益的东西，从而更好地开展工作，促进安全生产。

3）问。多与班组成员进行思想交流。班组长要做班组职工的知心朋友，要及时与班组成员谈心，多了解他们的困难，并想方设法加以解决，这样会充分调动起班组职工的积极性。

4）切。围绕中心工作，抓住主要矛盾。班组长要准确找出管理中的薄弱环节和存在的问题，积极认真地制定措施和办法。班组长解决问题要切合实际，切忌走形式、走过场，切忌说模棱两可的话、办模棱两可的事。

同时，班组长要积极推广新技术，采用新方法，不断吸取安全工作的新方法和新思维，将传统的工作经验与现代科学管理的要求有机结合起来，在“严、细、实”3个方面下功夫。“有组织、有计划、有布置、有检查、有总结、有评比”是基层班组管理的方向，只有这样才能筑起安全生产第一道防线。

张鹤鸣认为，班组安全文化是一种理念，也是一种习惯行为，更是一种责任。在日常工作中，如果能够形成一种讲到工作就会想到工作中的安全问题，并对工作中的安全措施逐一落实，那么工作中的安全系数就会有较大的提升。反之，安全理念没有形成，对待安全问题形成了马虎、不在乎的思想，再改起来就很困难，这就是惰性和习惯在作怪。可见对待安全工作，说起来重要，忙起来不要，工作中某一环节一旦疏忽，发生事故也就见怪不怪了。安全文化也只有与班组建设的实践相结合，才能充满生机和活力。

62. 班长龚荣庭把人性化管理放在第一位

龚荣庭是中国石化集团安庆石化化工作业部丙烯腈装置的一名班长。提到他，在化工作业部没有谁不竖大拇指。工作 21 年来，他以对技术不懈的追求和班组管理取得的突出成绩，赢得了领导的肯定和职工的钦佩，成为安庆石化职工学习的楷模、班组管理的一面旗帜。

进厂 21 年来，龚荣庭一直在探索丙烯腈生产操作技术。从工作初始至今，无论在什么时候、什么地方，他几乎都会随身携带一个笔记本，看到难以解决的问题，他都记在本子上，虚心向技术人员请教，向书本学，直到把疑难问题弄清楚。日积月累，他的笔记本堆成厚厚的一摞。如今，这些笔记已成为青工的“教科书”。通过多年的勤学苦练，龚荣庭成为丙烯腈工艺操作的行家里手和装置上的“活流程”，先后被评为公司优秀共产党员、公司先进班组长、公司劳动模范、青年突击手、中国石化集团公司青年岗位能手、集团公司技术能手和集团公司劳动模范等。

在班组安全管理上，龚荣庭为提高班组人员安全生产责任意识，在班组提出开展“班组安全员人人当”活动的倡议，得到了职工的一致响应。“班组安全员人人当”活动，就是让每一位职工当一个轮班的安全员，充分调动大家的主观能动性，直接参与班组日常管理，参与安全管理。这一新的职工自我管理形式，有效提高了职工参与班组安全管理的积极性。轮班的安全员们十分珍惜轮班机会，在当安全员期间，认真履行安全员职责，不仅对班组职工进行安全监督，而且对外来施工人员进行有效安全监督，严格考核，大胆管理，促进了班组安全管理工作。“班组安全员人人当”活动开展 5 年以来，丙烯腈四班先后有 4 人获得了“青年安全卫士”荣誉称号，并多次发现氢氰酸泄漏、丙烯泄漏、浓硫酸泄漏等重大事故隐患，受到公司劳动竞赛委员会通令嘉奖。

作为“兵头将尾”，龚荣庭在对待班组人员的管理上把人性化放在第一位。他与班组成员做朋友，职工工作和生活上有困难，他热心帮忙。日常工作中的大事小事，他事事干在别人前面，以自己的实际行动影响他人，将班组凝聚成一个团结有力的集体。在班组管理工作中，他努力在规范化、制度化上下功夫，根据实际情况，先后制定了劳动纪律、工艺纪律、奖金考评等一系列班组内部规程，工作任务指标分摊到岗位，量化到人。他建立了以班长、工会小组长“两长”和政治宣传员、安全员、质量员“三员”为主的全员参与的班组民管小组。班组的各项大小工作，都经过商讨、表决等民主程序来确定，做到有章可循、奖罚分明，确保所有工作更加明晰、规范，责任更加具体，检查考核具有操作性。在一次奖金考评会上，班组某员工未按要求对装置大循环 pH 计进行监控，经民管小组讨论，按考核细则对这位员工进行考核。

短短几年的时间，原本一个底子差的班组，现在已经跻身于安庆石化一流班组行列，连续 6 年在化工作业部开展的安全月、质量月竞赛中夺魁，多次被分公司评为先进班组。

63. 旗山煤矿班长刘刚“五强六化”的安全管理模式

“从百米井下掘进头，到庄严神圣的人民大会堂，他拾级而上，矢志不移；从矿文明班组到全国煤矿优秀安全班组，他崇尚荣誉，心系集体；从一名农民派遣工成长为全国优秀班组长，他爱矿如家，奉献不已。”2011 年，在徐州矿务集团有限公司旗山煤矿举办的首届班组长节暨十佳班组长颁奖晚会上，主持人对旗山煤矿掘进一区生产一队队长（十佳班组长）刘刚做了这样的介绍，称赞他是新时期煤矿工人的典范和楷模。

刘刚自担任班长以来，通过现场观察，积累经验，潜心摸索，总结提炼出“五强六化”班组安全管理模式，促进了班组安全管理的稳步提升。在他担任班长的 10 年间，刘刚班杜绝了轻伤及以上人身伤害，截至 2013 年 12 月，已连续 57 个月实现班组无“三违”，先后被评为“江苏省优秀安全班组”“全国煤矿优秀安全班组”，刘刚本人先后获得“江苏省煤矿安全优秀班组长”“江苏省煤矿安全生产十佳班组长”等荣誉称号。

（1）班组长素质达到“五强”

“五强”是对班组长素质的要求，要达到学习力强、执行力强、管控力强、创新力强、聚合力强。

1）学习力强。学习力强是指班组长要加强对政治理论、科学文化知识和技能及班组综合管理的学习，吸取新的管理经验和安全操作技能，提高综合素质。刘刚就非常注重这方面的学习，他先后自学取得了采矿和经济管理大专文凭，获得巷道掘砌工等 5 个工种的资格证书，成为一名复合型人才。同时，刘刚发挥“传、帮、带”作用，将自己所学到的知识和积累的经验，毫不保留地传授给班组职工，促使职工队伍技能由“单一型”向“复合型”转变。

2）执行力强。执行力强是班组长很重要的一项能力。刘刚作为一班之长，带头严格遵守落实企业的各项规章制度，不讲条件，不打折扣，并严格要求班组职工遵守班组制度，服从安排。特别是在一些关键时刻，比如面对不利的生产条件，班组长要及时排查隐患，攻坚克难，实现安全生产。

3）管控力强。班组长还需具有较强的班组组织及工作能力，了解各项管理的基本知识，掌握质量标准、劳动保护等方面的管理方法。刘刚在班组安全管理中，规范班前会程序，坚持每日一题学习，落实好“一表一卡”（隐患排查表和岗位安全操作流程卡），实行全员安全承诺，严格控制工艺规程，确保现场作业安全。

4）创新力强。在班组管理中，班组长要有创新思维，积极探索和尝试新时期班组建设管理的新思路、新办法和新途径。刘刚在班组管理中，创新实施“值长制”。“值长制”就是采取轮值方式，让班组每名成员都有机会担任轮值班长（简称“值长”），参与班组管理。简单地说，就是在保留原有班组长的基础上，增设1名值长，协助班长组织召开井上、井下两个班前会、班后会，安排当班工作任务，组织现场安全生产，排查治理事故隐患，对下一班工作作出安排等，全面参与班组管理。班长担任教练员，给予指导和提供帮助。轮值长们在轮值期内，比工作效率、比安全效果、比达标创建，有力地推动了班组的安全生产。

5）聚合力强。班组长作为兵头将尾，既要有大局意识，也能搞好班组的相互协调工作。刘刚在工作中坚持“干给职工看，带着职工干”，把职工当成自己的亲兄弟，和职工打成一片。对有思想情绪的职工，他主动靠上去及时化解；对有困难的职工，采取走访慰问、互帮互助的方式，做到以情动人、以理服人，使班组成员关系融洽，形成整体合力。

（2）班组管理做到“六化”

“六化”是对班组管理的要求，归纳为工作安排精细化、安全教育规范化、隐患排查严细化、验收考核标准化、队伍建设人性化、班务管理透明化。班组长是班组的灵魂人物，班组长的素质提高了，班组管理水平也随之提高。

1）工作安排精细化。班组长首先要对每一项工作任务了如指掌，要对每一位员工的技能、体力、身体健康状况等有清晰地了解，便于在安排工作时，根据每个环节的劳动强度、劳动时间，合理调度人员，不窝工、不过量、不加班延点。另外，班组长在安排工作时要有超前性，在做好日工作计划的基础上，也做好周、月工作计划。班组长要提前做好顺利完成工作的保障工作，如材料准备齐全、工具携带齐全，解决好影响现场工作的外部因素。若工作现场出现变动，要及时采取应对措施，做好调整。

2）安全教育规范化。刘刚班严格执行井上、井下班前会制度，按照签到、点评、排查、分工、学习、唱安全歌、安全宣誓等程序，进行每日班前会记录及考评。同时，班组坚持每天在班前会上，进行安全问题抽查提问，坚持在作业现场应用“手指口述”法和岗前模拟演练，确保正规上岗、正规操作。班组成员全部签订《安全生产特别规定》和《安全承诺书》，约定各自的安全责任。

3）隐患排查严细化。煤矿井下工作属于高危作业，因此旗山煤矿要求一线班组对隐患严预防、严排查、严处理、严确认。具体来说，就是班组和职工针对不同工作场所和工作岗位，制定严格的预防措施。到达工作现场后，班组长、安全监理员、瓦斯安全员、安全质量验收员、劳动保护监督检查员要对隐患进行严格排查，职工结合自身工种岗位排查隐患。对于班组和职工查出的隐患、问题，班组要按照规定进行整改处理。班组隐患整改由瓦斯安全员和工区管理人员进行确认，职工隐患整改由班组长确认，实行闭环管理。

4）验收考核标准化。对于班组成员工作的考核，该班组严格按照《安全生产标准化规范》进行操作，对每一项考核指标做到奖有标准、罚有依据，不断细化量化，并且对验收结果做到检验记录准确，登录备案详细，严格按照考核情况兑现奖惩。

5）队伍建设人性化。在班组管理中，人是不可忽视的重要一环。旗山煤矿要求班组长多实行亲情、鼓励的方式，做到“五必访、六必谈”，即职工生病住院、家庭有了纠纷、天灾人祸、婚丧嫁娶、生活遇到困难必访；职工岗位变动，工作生活遇到重大挫折，受到上级表扬奖励，受到批评处理，思想反常、情绪低落，与同事发生纠纷必谈。同时，班组实行激励评比，根据每天工作情况，评选优秀员工，给予相应的奖励考核。班组鼓励职工晋级争先，定期组织职工参与理论和技术学习，在职工中开展合理化建议、小改小革和技术管理创新活动，促进班组职工的理论知识、技能操作和创新创优能力不断提升。

6）班务管理透明化。为使班组成员清楚地了解班务情况，旗山煤矿的班组按照班务公开的标准和要求，做到“六公开”，即工资日清日结公开、月度工资分配公开、奖惩情况公开、公特假及疗休养情况公开、困难救济公开、评先晋级公开，“做到班务管理透明，让职工赶着舒心，拿着安心，看着放心”。

近几年，刘刚班组总结的“五强六化”模式在旗山煤矿推广应用，提升了全矿班组管理水平，矿井实现连续多年安全生产。

64. DCS 仪表班班长赵雪祯做班组安全理念的倡导者

齐鲁石化橡胶厂目前拥有 8 套 DCS 系统（分散控制系统）、8 套

PLC 系统（可编程逻辑控制器系统）、4 套 ESD 系统（紧急停车系统），各主要生产装置及辅助装置都实现了自动控制，企业生产效率明显提高。赵雪祯作为橡胶厂 DCS 仪表专家，带领一个仅有 7 人的 DCS 仪表班，负责全厂 21 套自控系统的日常维护工作。

作为石油化工新技术的一个重要组成部分，DCS 自控系统与安全生产息息相关。一个正常运行的 DCS 自控系统会为生产装置超温超压自动报警，为设备提供完备的联锁保护，但它又是一把锋利的“双刃剑”，如果组态错误、数值设置不准确，将给安全生产埋下巨大隐患。

在 DCS 仪表班，赵雪祯积极倡导安全理念，让每个职工充分意识到在键盘上设置每一个数值都必须慎之又慎，充分确保每一个控制点的安全、可靠。除了每周一的安全学习外，赵雪祯在平时的工作中注意对职工进行教育，日常巡检实行准时、准点、准路线，便于及时排除运行隐患；日常维护中相互提醒注意安全事项，严格按操作规程办事。为了保证 DCS 运行安全，赵雪祯主导制定了 DCS 运行维护标准化作业程序，完善了各类 DCS 事故应急预案，并着重加强了联锁系统和重要控制卡的重点监护。这些安全措施的有效落实，为全厂 21 套 DCS 自控系统的安全稳定运行提供了有力的保障。赵雪祯抓安全工作事无巨细，在他的带领下，DCS 班的职工们在联锁用的接线端子上都贴上醒目的标签，以防维护时误拆线、误操作。他还积极倡导职工利用工余相处的时间，互相讲解自己值班时处理过的运行故障，既讲故障现象，也讲处理过程和处理方法。通过这种讨论式的互相学习，大家的业务水平都有了飞跃式的提高。

在赵雪祯的主导下，DCS 仪表班编写了《各操作站常见故障处理》，这本小册子成了解决全厂各装置 DCS 操作具体问题的“法宝”。职工只要按照书中提示执行，可解决大部分 DCS 常见技术问题，为快速处理 DCS 故障，保障生产，提供了有力的技术支持。

赵雪祯说：“当把敬业变成一种习惯时，就能从中学到更多的知识，积累更多的经验，就能从全身心投入工作的过程中找到更多的快乐。”在 DCS 仪表班，作为班长的赵雪祯是唯一的男性，其余 6 位都是女同志，正是依靠以身作则的共产党员风范和无私奉献的工作态度，赵雪祯赢得了大家的尊重，他言行有度、处处为别人考虑，更赢得了大家对他如对兄长般的信任。

赵雪祯给自己这个团队拟定的工作宗旨是：以和谐为基础，以学习技术为措施，以干好工作为目标。在班组中，他努力营造团结和谐、积极向上、快乐学习、快乐工作的班组氛围。在每一次的班务会上，赵雪祯都鼓励大家积极发表对班组管理的意见和建议，让每一个职工都积极参与班组管理，让职工树立起角色责任意识，凡事都具备自动自发、你漏我堵、你缺我补的主人翁责任感。以他为榜样，大家在日常工作中，严以律己、以诚待人，创建了一个和谐高效的工作团队。

王伟华是 DCS 班最年轻的一名同志，2006 年加入这个集体，她在笔记中写道：“这个团队给我无限的关怀、帮助和如家一般的温暖，赵雪祯老师毫无保留地向我传授专业知识，不厌其烦地教导我处理控制系统维护工作中的各种问题，我除了感动还是感动。赵雪祯老师不但专业技术好，而且责任心强，品格更好，是大家都信赖的人。”

几年来，在对 DCS 专业孜孜不倦的追求中，赵雪祯根据生产需要，不断优化系统控制方案，全厂各套装置的自控水平明显提高。工作之余，他还撰写了多篇 DCS 技术应用论文，并被齐鲁分公司授予优秀班组长和优秀共产党员等多种荣誉称号。他以自己卓越的工作，为企业顺利完成各项生产经营任务，实现安全生产无事故，做出应有的贡献。

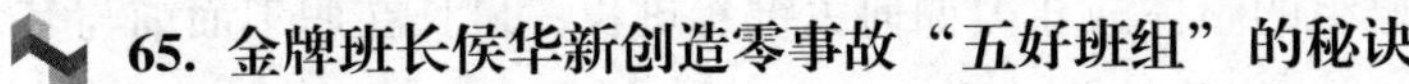

65. 金牌班长侯华新创造零事故“五好班组”的秘诀

他白净的面庞常被人误以为其人比较温和，却与其耿直的性格有一段落差，他走起路来也是虎虎生风；他在生产中善于抓安全管理，敢于对安全问责，时时处处抓牢生产薄弱环节，紧盯现场岗位操作，及时排查事故隐患，安全管理细致入微；他充分发挥基层班组长的“兵头将尾”作用，以人为本，率先垂范，既当现场指挥员，又是生产战斗员，被职工们亲切地称为“白国周式”的金牌班长。他就是淮北矿业集团劳动模范、桃园煤矿运输区生产一班班长侯华新。

（1）以人为本查隐患

运输生产点多面广战线长，人员岗位分散，而且青工所占比例大，他们思想活跃，情绪波动大，容易造成意想不到的安全事故。侯华新根据他们的特点，采取合适的方式，本着公平、公正的原则，始终以一种兄弟般尊重、理解的态度与他们相处，并以严谨细实的工作作风、严格的规章制度来要求和约束他们，变枯燥无味的说教为推心置腹的交流，让职工们愿意把自己的思想情绪和心里话“掏”出来，以便及时深入了解、掌握和分析全班每一位职工的思想动态。对那些不让人放心的“11种安全隐患人”，侯华新及时进行仔细摸底排查，并做好一对一的安全思想动态跟踪帮教工作。遇到家庭生活有困难、夫妻关系不和、家人生病住院等极易产生事故隐患的职工，他总是耐心细致地做他们的思想工作，尽量帮助他们排除不良情绪的干扰，确保其安心工作。这种做法有效地避免了职工因思想情绪不稳定、工作时精力不集中而可能导致的各类安全事故隐患，从而有力地促进了安全生产工作的良性发展。

(2) 以身示范严管理

侯华新善于从自身做起，狠抓安全生产各项制度落实。他常与别人说，一个班组的整体战斗力如何关键看班长，班长在职工面前与其说破嘴皮、喊破嗓子，不如给职工干出样子。运输生产安全管理难度相对较大，管理中要严、要细、要实。侯华新每月出勤都在26个班以上，班中严格盯现场，哪里脏、苦、累、险，他必定出现在现场。“其身正，不令而行。”他每班总是第一个下井、最后一个上井，班中和工友们一同并肩挥汗。他在现场很少有闲的时候，他用自己的实际行动来影响带动职工规范岗位操作行为，做安全生产的标兵。

“认真工作每一班，抓好安全每件事”是侯华新的工作座右铭。他紧抓现场安全管理，在职工中实行班前安全预想、班中安全走动式巡查、班后安全质量复查工作法。本着“时时严要求，处处防隐患”的原则，侯华新在与职工肩并肩“战斗”的同时，注重督查职工的现场安全操作行为，发现职工有故意减少工作安全流程环节或“手指口述”不规范行为的，现场给予纠偏指正，并苦口婆心地说服教育。职工对侯华新的这种严格做法由不理解到理解和支持，打心眼里佩服他。

结合安全精细化管理，侯华新在运输生产实践中总结了“三镜”管理法：排查安全隐患时用“显微镜”，不放过任何一个生产事故苗头；处理问题时用“放大镜”，对所有影响生产的任何环节都要追究到底，放大处理；班前会分派工作时用“望远镜”，做到心中有幅“活地图”，超前部署。他通过创新安全管理，转变了职工岗位操作中存在的“看惯了、干惯了、习惯了”的不规范操作行为，提高了职工安全操作的能力和业务技术素质，使安全事故率降到了零点。

(3) 以身作则铁面人

作为煤矿一名最基层的管理人员，侯华新深刻地认识到，在安全管理工作中只有铁面无私，以身作则，才能把安全工作做好。工作中侯华新总是严格要求自己，凡是要求职工做到的，自己首先做到，并带头遵守各项安全生产规章制度。他经常说，抓安全工作，没有什么情面可讲，更没有任何可商量的余地，对违反安全规定和违规操作的人员，你今天给他面子，明天对他放松要求，说不定哪天就害了他。

在桃园煤矿，负责生产一线单位的跟料员一提起侯华新，都说他既可气又可敬。可气的是侯华新在安全管理上总是爱较真，在他那里丝毫不能马虎；可敬的是侯华新的认真经常帮助他们远离许多违章行为和事故隐患。

侯华新对安全工作的认真劲在桃园矿井下是出了名的。“侯班长，给个面子帮个忙，上窑后我请你吃一顿。”“你就是请我吃八顿，我都不能违章蛮干！斜巷走勾来不得半点马虎，不能因为我帮了你的忙而给安全带来隐患，害人又害己！”一次中班，侯华新在北四采区主运斜巷下部车场拒绝了一名采掘单位跟料工的“请求”。原来，这名职工所跟的物料车中由于有一辆矿车缺少固定勾头销子，不符合斜巷提升规定而被侯华新查到，这名跟料工便拿出自己准备好的活销子，让侯华新帮忙给其把料“打”上去，没想到却吃了个“闭门羹”。

2010 年 6 月初的一天夜班，侯华新正在召开班前会，细心的他发现一名职工微眯着眼睛，精神不振，便主动与这名职工交谈。得知这名职工家在很远的农村，回家忙完麦收后没有休息便拖着疲惫的身体立即赶来上班。于是，他就劝这名职工回宿舍休息一天再上班。起初，这名职工以家住得较远，需要攒班回家耕种为由，不想缺班。侯华新耐心做思想工作，终于说服了他，并向区值班领导进行汇报，为这名职工办理了事假。后来，这名职工对侯华新表示感谢时说：“当时回到宿舍后，我一头倒在床上就睡着了，谁知一觉竟然睡到第二天上午10点多。如果我当班下了井，还真不知道要出什么安全问题呢！”

自侯华新担任班长以来，全班人人遵章守纪，个个按章作业，连续多年实现了零事故、零工伤、零“三违”，被淮北矿业集团公司授予“五好班组”称号。侯华新本人也因此被授予集团公司劳动模范和桃园煤矿“安全标兵”荣誉称号。

66. 优秀班长邓晓亮创学习型班组促班组技术创新

在“火箭微小卫星搭载方案”和“火箭冬季发射交流”论坛上，上海航天局第八〇五研究所运载火箭总体组宣讲人详细阐述了设计理念、设计方法、技术难点，并提出希望通过论坛协助解决的问题。班组人员对方案特点、技术难点以及存在的不足等提出自己的看法和建议。论坛气氛热烈，大家唇枪舌剑，就某个技术观点甚至争论得面红耳赤。通过讨论，班组成员收获颇丰，形成的方案也更为合理、完善。班组论坛活动加强了班组学术氛围，增强了团队的凝聚力，提高了班组成员和团队整体的技术能力。

对一个研究设计类班组，是否具备持续学习的能力，决定了它能否保持技术上的领先和发展势头。研究所运载火箭总体组，通过持续开展“创建学习型班组、争做创新型员工”的活动，不断提高员工的素质能力，增强员工的团队合力，发挥员工的创造活力，有力促进了科研生产任务的圆满完成，班组成员的精神面貌也有了明显改观，被国务院国资委授予“中央企业学习型红旗班组”称号，班长邓晓亮被评为“2006年度全国知识型职工先进个人”。

运载火箭总体组主要承担着长征系列运载火箭的总体和箭体设计重任。在开展“创建学习型班组、争做创新型员工”工作中，他们特别注重以团队建设促进工作，以创建学习型班组促进班组技术创新，形成了自己的特色。

班组成员结合军品型号发展需求，组织开展了“学习新理论、运用新工具、掌握新技能”为主题的系列学习活动，具体如下：

1）建立班组专用目录，学习资料全面共享。班组在电脑上开辟专门学习资料共享区，班组成员将各自精心挑选的各类学习资料共享在其中。

2）使用专业软件制作多媒体学习材料，形象、生动，易于掌握。在学习软件的过程中，针对使用过程中的难点，班组成员在掌握技术后，制作多媒体学习材料，便于班组其他成员学习和掌握。

3）学习新的三维设计软件，并将其应用于型号设计中，进行卫星布局演示和网络空间分析。大家分工合作绘制不同部件后，制作了火箭三维模拟图。

4）学习新的动画制作软件，模拟产品正常和非正常工作状态下的工作程序，形象地演示了产品推迟分离质量问题的原因。

5）根据班组 QC 课题的需要，开展了利用新技术编程、学习数据库等活动，并成功完成了“运载火箭总体配套信息平台”的开发。

通过系列主题学习活动的开展，新技术、新工具的学习和运用得到了普及，提高和扩展了班组完成新任务的能力。为使每个成员与班组团队共同分享在学习中所取得的收获、体会，该组创建了班组论坛。

班组论坛每季度举行一次，每次活动由班组长指定一名宣讲人主持，宣讲人有时是班组自己的成员，有时聘请专家。根据论坛的主题，他们还邀请相关兄弟班组参加交流，取长补短，吸收新知识。

在加强班组自身学习、创新的同时，该组也积极响应上级工会关于创建班组集成团队的号召，与所第二研究室结构组结成“箭魂”

创新型集成团队，就火箭总体设计与箭体结构设计开展协同设计。双方签订创建集成团队协议书，并确立了有利于促进型号科研生产任务的完成、有利于促进班组专业技术水平和自主创新能力的提高、有利于促进员工综合素质的提升和人际关系和谐的三项基本原则。在一年多实践中，双方开展了优化工作流程、精简工作环节、提高工作效率的研究，顺利完成了某型号火箭发射状态的总体与箭体结构设计工作，确保了按时提交试验。在加强工作协调的同时，集成团队重点加强专业技术交流，促进总体技术与分系统技术的相互融合，增进了组员间的理解、信任和友谊，凝聚力得到了极大提高。

67. 班长白相池采用“用心尽情”工作法的意外收获

煤矿行业企业曾经经营困难，职工工资收入下降，职工情绪波动，再加上生产一线地质条件复杂多变，班组管理难度增大，一名班组长如何稳定职工思想，做好安全生产工作呢？对此，牛儿庄采矿公司掘一区班长白相池有自己的认识。

白相池说：“以我当掘进班长多年的经验，班组长应该采取‘用心尽情’的工作方法，才能卸包袱稳人心、聚合力克难攻坚，保安全促进生产经营。”

班组长在困难面前要有信心。在井下生产作业地区条件变化，生产组织受挫，完成产量任务难度大的时候，作为“兵头”的班组长必须要树立人定胜天的信心，用乐观的态度感染身边的工友，正确研判现场状况，集思广益寻求解决方法，严格落实施工措施，努力完成生产任务。

抓现场管理要细心。在掘进生产工作中，工作面经常会遇到过断层、老洞子、顶板破碎等困难条件，班组长作为施工现场的指挥员和战斗员，更需要细心入微地抓好班组安全管理和生产组织。每班开工前要叮嘱班组每一名人员仔细排查隐患，观察顶板状况和断层、老洞子变化情况，需要实施超前支护的要及时采取措施，需要在底砟上打眼放震动炮的及时协调，做到既不窝工，又能保证施工安全。

在管理考核方面，班组长一定要下得了狠心，对违章操作行为要当场立即制止，并严格按规定考核处罚，绝不姑息迁就。批评处理违章的工友时，要站在对方的角度分析问题，动之以情、晓之以理，让他真正认识违章行为对本人及家庭的危害。

工友相处要讲情讲义。班组就好比是一个小家庭，班组长在日常工作中与工友相处时要重情重义。班组长平时多与工友沟通，掌握他们的家庭和生活情况，对家庭有困难的工友主动给予关心，必要时及时向党支部汇报，寻求帮助。对个别工友相互间的小矛盾、小误会，要热心劝导疏通，帮助他们消除隔阂，才能齐心协力共渡难关，同心同德干好工作，完成作业计划，助推企业逆势发展。

68. “双十佳”班长部玉琪的“五多”安全生产法

10月9日，在牛儿庄采矿公司第十四个班组长活动日的座谈会上，冀中能源峰峰集团公司“双十佳”掘进队班长部玉琪介绍了自己长期身处生产一线抓班组安全生产的“五多”做法。

一是脚要多走动。班组长对所管辖的生产作业地点，要面面俱到，所有的地点均要跑到，进行一次全面仔细的检查，深入排查现场存在的安全事故隐患和问题，做到心中有数，并及时处理，做到不安全不生产，隐患不消除不生产。

二是耳要多听意见。班组长要认真倾听每名职工的意见和建议，注意收集各种安全信息，组织大家一起学习，并把学到的知识应用到现场问题处理中。在工作上，班组长要注意了解班组成员对规章制度和规程的掌握情况，听听大家的想法、说法，根据工人的特长和岗位特点，合理安排工作。每次接班后，班组长也要先听上一班工友介绍情况，了解如何工作，做到心中有数。

三是眼要多查看。煤矿安全生产，眼睛的作用特别重要。在工作现场，如果走马观花，是不能发现、解决问题的。班组长在每一个环节上，都必须眼明心细，看清了、看准了才能干，对安全的关键环节必须严格把关，不放过任何细小的问题。

四是嘴要多讲。班组长管安全也管生产，不能当“好好先生”。对违章的、犯错误的，要进行耐心细致的思想教育，让每一名职工都深切地感受到“三违”可能带来的损失和痛苦，仔细排查职工在安全思想、安全行为、现场操作等方面存在的问题，并积极去化解，不让职工背思想包袱上班，同时讲解安全操作技术，进一步规范安全行为。

五是脑要多思考。班组长要对现场安全生产情况进行仔细分析，养成多思考、勤动脑的习惯，及时总结经验教训，既要讲规矩，又要在安全的前提下组织好生产，为确保正常生产奠定基础。

69. 检修一班班长千水利引导职工把工作任务当课堂

22 年来，他始终在焦煤供电处从事着线路外线安装工作；22 年来，他兢兢业业、踏踏实实地工作；22 年来，他用实际行动从一名普通职工成长为优秀班组长，他就是河南能源化工集团焦煤供电处检修工区检一班班长千水利。

千水利所在的检修一班，主要负责焦煤电网所属 10 千伏及以上线路的检修维护、故障处理等工作，同时还承担焦煤电网所属线路的改造和新建线路的安装施工。作为该班的负责人，千水利每天带领职工坚守在输电线路一线，确保电网安全运行，保障矿区安全生产。

一年的5月31日凌晨，大风恶劣天气引起35千伏位村变电站内3条进线故障，使变电站单回路运行存在严重安全事故隐患。千水利接到工区通知后，二话不说，带领班组职工立即赶往位村变电站对故障线路进行抢修，但由于故障线路受损严重，加之夜晚抢修，施工难度倍增。面对诸多困难，千水利没有退缩，凭着精湛的检修技术和多年积累的施工经验，与职工一直抢修到当天下午6点，连续奋战了18个小时，直至线路恢复正常才离开，确保了变电站的安全可靠运行。

“供电线路检修是一份苦差事。”千水利坦言，在22年的工作生涯中，风吹雨淋、烈日暴晒都是常有的事。尤其是在迎峰、度夏、度冬和各类保电时节，半夜抢修更是时有发生。

一年的7月10日，当天焦作市气温高达39℃，千水利带领着检修一班职工，顶着炎炎烈日工作了一天，深夜才回到工区，正打算休息，他突然接到了因线路故障导致云台小区整体停电的通知。来不及多想，他立即与值班人员一起赶往云台小区，埋头抢修起来。他顾不得身体疲惫，也顾不得汗流浃背，只为心中的一个念想：迅速处理故障，还住户一份清凉。终于在第二天凌晨4点，故障被消除，小区恢复了送电。

“千水利始终保持着‘舍小我为大我’的可贵品质，不仅自己业务精通，技术过硬，还一直帮助班组里的职工提高业务水平，进而提升团队战斗力。”焦煤供电处检修工区党支部书记白建设说。

每天开工前，千水利都会要求班组职工做到安全施工，让他们明白干什么、怎么干，有条不紊、按部就班地进行每道工序，高质高效地完成检修施工项目。与此同时，他还经常利用班前会、学习日，组织班组职工加强电力基础知识学习，并引导班组职工把每一次工作任务当成学习的课堂，及时总结经验，认真吸取教训，特别是对于班组里的年轻人，他更是手把手地指导，将自己的工作经验毫无保留地教给他们，让他们快速成长，不断提升业务能力，进一步增强团队的凝聚力，打造出一支善打硬仗的供电“铁军”。

70. 采煤二队班长张备战用良好的作风带动全班组

在河南能源化工集团新安煤矿，有这样一位班长，作为“兵头将尾”的张备战，工作中始终严于律己，用良好的作风带动全班职工履职尽责。

“每天的进班会上，他总会把上个班的生产情况向大家详细说明，并把当班需要注意的安全要点向每个人传达清楚。在进入作业地点后，他会先查看当班工作面条件，然后进行具体分工，让每名职工都能在自己的岗位上淋漓尽致地发挥作用。”这是张备战班组职工们的共同赞誉。

张备战自己的体会是，打铁还需自身硬。作为一班之长，他的工作信条是安全第一、踏实勤奋。说起工作，张备战坚持“五多”的工作方法，即多请示、多汇报、多检查、多示范、多创新，要尽可能把计划、思路、制度不折不扣地落实到工作中。

2016 年 9 月，在井下工作面作业时，地质条件不好，安装进度受到影响，张备战带领全班职工连续 7 天加班加点，现场研究解决方案。他们通过增加多部绞车，增设保险、保护设施，解决了支架安装过程中的难题，使施工效率大大提高，并创造了单班安装支架的最高水平。

“我不干，谁来干？总得有人干!”这是张备战常挂在嘴边的一句话。朴实的话语，影响着班里的每一名职工。在井下工作面安装时，坡度大、顶板破碎，困难重重，但没有一个人打退堂鼓。靠着必胜的信念和顽强的意志，在张备战的带领下，大家勇挑重担，一个人能抵几个人地去干。“当班出勤率最高，完成生产任务最好！”回忆当时热火朝天、大干快干的场面，张备战话语中透着骄傲。

在工作中以身作则、严格要求的张备战，生活中对待工友却如春风般温暖。一次，一名职工患病急需住院治疗，但治疗费用却让这名职工犯了难。张备战听说后，在经济并不宽裕的情况下，第一时间自掏腰包送上慰问品和2 000元现金。对待班中的职工，他总是以诚相待，交朋友，结对子，鼎力相助，受到全班职工的一致赞誉。

“班长的首要任务是抓好班组安全，职工安全有保证，才能实现安全生产。”张备战是这样说的，也是这样做的。他经常利用工作间隙和业余时间，对班组员工进行安全教育。他严格执行班前安全宣誓制度，坚持在班内开展“互保联保”等活动，帮助职工熟悉设备性能和操作要领。

在张备战班组有个不成文的规定，就是班里职工下井时必须走在班长后面。到工作现场后，班长先和跟队长、验收员进行安全检查，发现隐患及时处理，确认安全后，再让职工进入操作现场。对此，班里职工纷纷伸出大拇指，称赞他们的班长就像大哥，工作中时时刻刻起着模范带头作用，跟着这样的班长干，他们越干越有劲儿！

一个好的班组长，可以带出一个好的班组。一个好的班组，可以影响一个区队。在张备战班的带动下，全队职工以创建一流团队、争创一流业绩为目标，团结一致，齐心协力，努力创造更好的成绩。

71. 维修班班长郑立华“三班定岗互助式管理”方式

维修工是设备稳定运行的保证，新设备、新技术的加入给维修工带来了机遇和更多的岗位。在维修岗位增加而维修工不增加的情况下，如何管好设备，使设备安全、稳定和长寿命地运行?“三班定岗互助式管理”就是一种有效的管理方式。

在以技术工为主的维修班中，为了安全无法进行单人定岗的维修操作。在正常生产的情况下，设备不可能多台同时发生故障，但设备又可能在三班中的任一班发生故障。为了实现在维修工少的情况下设备故障随时得到维修，维修班在推行“三班定岗互助式管理”的同时，加大班组技术培训力度，实现维修工的一专多能。

维修工“三班定岗互助式管理”就是：①将所维修的设备分为多个维修岗位，每个岗位有一人定岗。当某一个岗位设备出现故障时，以该岗位维修工为主，其他岗位人员进行互助。②将维修工分成三个组，分别在三班对设备进行维护、维修，实现设备故障随时维修。

例如，郑立华所在的维修班，需要维修的设备和维修点多达数百个，但维修工只有10人。根据具体情况，郑立华将需要维修的设备，按设备类型和区域分为3个岗位，每3人为一个小组。由于人少、点多、设备多，不论如何排班都存在问题，而且设备维修是一项复杂的工作，涉及机械、电气等多方面，如果有人技术不全面，那么即使排班在岗位上，遇到难点还是解决不了。

郑立华作为维修班班长，积极倡导班组员工自觉学习，不仅要学习本专业的技术，还要学习相关专业的技术，做到一专多能。经过一年的时间，班组员工基本实现了一专多能。在一人休息时，其他二人可对该岗位设备进行维修。班长经常上八点班，方便在白天对设备进行全面检查。在岗位人员脱岗培训或休假时，班长还要顶岗。这个10人的维修班，同时还可以在其他工作点出现，以便在人少不能完成工作时进行协助。

在生产管理上，企业会安排一些对设备大修的时间，这时企业往往要求所有维修工加班进行设备检修、维护。为了使设备检修时每个维修工都在他熟悉的岗位，郑立华的三个组又以岗位为主，三组变成一号岗位组、二号岗位组和三号岗位组。组长可选用对单一岗位技术过硬、对其他岗位熟悉、对新设备新技术能够及时了解和掌握并且有管理能力的人，分别安排在不同的岗位上，以便在日常维修和设备大修期间担任领导角色。

维修班成员综合素质的提高是一项长期、艰巨的系统工作，需要所有成员齐心协力，心往一处想，劲往一处使，互相学习，互相帮助，共同提高，共同进步，最终实现在维修岗位增加而维修工不增加的情况下，管理好设备，使设备安全、稳定地运行。

72. 班组长陈水娟：没有完美的个人，只有完美的团队

陈水娟在检修组当班组长 5 年来，感受最深的就是：“做好了，从上到下都把你当红人；做不好就是猪八戒照镜子——里外不是人。怎么说呢？就拿刚当检修组组长来说吧，原来的组长总是不能带领组员完成车间交给的检修任务，从而影响生产任务，继而影响到大家的收入，全车间上下呼声一片，要求换组长，就这样我在大家的投票选举中脱颖而出，当选为班长。刚开始时，我心里想：只要自己带头干，苦脏累活儿抢着干，一定能得到大家的认可。可是半年下来，和原来组长一样，不是被车间领导批评，就是被组员埋怨。问题出在哪儿呢？经反复琢磨，思前想后，我明白了一个道理：没有完美的个人，只有完美的团队。”

思想通了，方向就明了，陈水娟把这个道理作为座右铭牢记在心里。检修组都是技术活儿，如果要保质按时完成检修任务，提高设备

的运转率，就一定要先把每个组员的检修技术提高。于是陈水娟买来全套的钳工手册、电焊工技术、维修电工技术等书籍，带领组员利用班前、班后会开展“每日一问，每周一考，每月一评”活动，即每天每人都必须带着一个自己不懂的问题做事，在实践中互相提问学习；每到周末组织大家针对实际工作中、学习中遇到的问题进行考试，互动学习，加深大家的印象；每月下旬组织大家民主评出本月的“学习标兵”“技术能手”，调动大家的学习积极性，提高动手能力。

历经半年有余，陈水娟的努力终于慢慢地有了回报，设备返修率低了，遇到的检修难题少了，检修速度加快了，设备运转率堤高了。心齐自然就气顺，第二年陈水娟组 16 名组员中有 1 人获得高级技师，3 人获得省内技师，6 人获得总公司内部技师，5 人获得高级工。设备好了，生产自然就顺了，车间接二连三地受到公司嘉奖，陈水娟班劳苦功高、功不可没，奖励自然也少不了。加上技术等级津贴，陈水娟班成员收入快速增长，组员们都夸奖陈水娟治班有道，陈水娟的威信与日俱增，当班组长的感觉越来越好。

第三年，陈水娟组再接再厉，一举获得了总公司“三星级红旗班组”，为车间、公司争得了荣誉。

斗转星移，日月如梭，旧的一年过去，新的一年来临，陈水娟的心情久久不能平静，陈水娟班被评为总公司“四星级红旗班组”中的“模范班组”，陈水娟本人也被授予“模范班组长”的荣誉称号。

73. 班长陈治虎尽心尽职运用“三招”抓好班组管理

班组长是公司里最小的“芝麻官”，但什么事儿都要管。如何当好班组长？陈治虎用“三招”抓好班组。

（1）以身作则是关键

当好班组长，以身作则是关键。要求职工做到，班组长必须带头先做到。就说每天上下班：早上上班，班组长要比别人先到厂；下午下班，班组长要尽量最后一个离厂。

陈治虎任制浆二组组长已 4 年多。班组除两名员工是本地人外，其他都来自外省，大多三四十岁，文化程度不一。2006 年招收新员工进来后，陈治虎边操作边教，直到教会大家为止。

质量是企业的生命。生产涂布白纸板需要废料、箱板纸为原料混合打浆。如何控制配比，成了陈治虎每天最关心的事儿。陈治虎每天做到按规定配比，不乱配原料，保证纸浆质量。久而久之，大家都能按质量标准配比。

（2）关心职工很重要

员工生病期间，陈治虎除了多问候、关心他们外，有时还亲自顶上空缺的岗位，一顶就是一班。班组长与员工天天接触，平时职工的工作、生活情况，班组长最了解。当班组长更要关心职工的冷暖。例如，2008 年四川汶川大地震，班组有一名四川籍员工家里遭受了损失。陈治虎了解情况后，组织大家一起捐款，给予他必要的帮助和支持。

（3）抓好质量不能松

陈治虎当班组长，工作上对职工要求很严格，一点也不马虎。因为如果工作放松了，就会影响产品质量。而且，打浆是决定造纸质量好坏的关键一环。比如说，打浆时配比不合要求，但是已经打成了浆，那么后几道工序再把关也是没有用的。此外，陈治虎对安全生产工作也从不马虎。因为一旦出了安全问题，不但职工受损，企业也会受损，所以要时时注意。

陈治虎认为，只要班组长都尽心尽职，就没有做不好的事情。

74. 班长刘杨的经验：变一人忙为大家共同操心

当班组长令刘杨头疼的事：经常突击补制零件，影响正常生产进度；磨破嘴皮子讲质量安全，往往是摁倒葫芦起了瓢，质量安全问题时有发生；绞尽脑汁抓班组管理，大家的意见不小，成效不大。

刘杨班有 20 余名员工，加工上万个零件，单靠班长一个人管理，即使班长有三头六臂，也管理不到位。为此，刘杨班开始尝试新的班组管理模式，实行有效管理，变班长一人忙乎为大家共同操心。即明确班组长为班组管理第一责任人，另设基础管理大员、质量安全大员、精益大员、民主管理大员、文化建设大员，各有侧重，协助班组长抓好班组管理。仅此一招，就把班组的潜在能量调动起来了。质量安全大员心灵手巧、干活又快又好，上任后，带领员工隔三岔五进行质量安全改进。一次，他发现零件来料尺寸远大于零件实际尺寸，需要手工画线、两次剪切，既浪费材料，还费时、影响质量。他和大家研究后，改变常规下料，节约材料 30%，减少剪切时间 5 分钟，提高了工效，保证了质量。班组基础管理大员是个有条理的人，上任后带领员工实施自主管理，改变了工作架子上模具堆积如山的现象，谁用谁负责归还。精益大员工作尽职尽责，成为员工中的模范带头人。在班长、五大员和员工的共同努力下，刘杨班形成了自主化管理，即事事有人管，人人都管事，自己管自己，人人做经理。过去，班长拿着上万个零件作业单和每一名员工核对计划完成情况，忙得焦头烂额，还经常有漏项、掉头的零件。现在，员工们将自己的生产计划写在揭示板上量化，使生产进度一目了然，杜绝了纰漏，做到了准时交付。

班组实施有效管理，变班长一人忙乎为大家共同操心后，不仅加快了生产进度，而且产品质量不断提高。自 2006 年以来，刘杨班相继被评为公司 A、B 级班组和“六型”班组。

75. 试验班班长鹿新弟运用微信加强班组团结

微聊，在很多人看来只是消遣娱乐，跟工作是挂不上边的。而同样是微聊，试验班班长鹿新弟把他的班组带到微信群里，让他带领的团队在微信头像的闪动之间凝聚起来。

试验班里年轻人比较多，有许多还是“80后”“90后”。他们有着鲜明的群体特征：接受新鲜事物快，充满青春活力，个性张扬，标新立异。新思想、新观念挑战着传统管理模式，原本优秀的班组管理方法却在他们身上失效。鹿新弟在与青工们交流的过程中发现，如今年轻人喜欢的沟通方式已不再是面对面直接交流。他们喜欢上网聊天，开通微信或是建立博客来展示自己。乐意接受新鲜事物的鹿新弟不甘落后，自己也申请了微信，尝试着上网聊天。他建立了试验班微信群，班里的20多个员工也都纷纷加入这个网络大家庭，大家在群组里畅所欲言。

每天晚上，微信的提示音响个不停，微信群里热闹非凡。鹿新弟在里面公布最新排班表，与大家共同交流工作经验，收集合理化建议，平日工作中常见的问题和解决方法也被他制成一条条“锦囊妙计”发布在其中。通过这种即时聊天，鹿新弟掌握了员工的思想动态，发现他们在工作和生活中遇到的问题。试验班三班倒，同组员工平日难见一面，却能在微信群里分享到同样的信息，也能够留言交流。一个员工在群里提出技术上的难题，一下子就收到了十几条回信。平日沉默寡言、不善言辞的员工在微信群里说出了心里话。班组员工组织活动时的合影也被放在了群组的相册中，记载着串串快乐的回忆。微信群的建立，方便了班组成员的交流，使他们敞开了心扉，拉近了心理距离。这一网络平台弥补了传统班组管理方法中班组长与员工、员工与员工沟通交流少的不足。每晚群组管理员鹿新弟都用微信群这一新形式为员工们搭建交流沟通的平台，架起一座网络“连心桥”。

鹿新弟在微信群组公告里留下了萧伯纳的一句名言：“你有一个苹果，我有一个苹果，我们彼此交换，那么你和我仍各有一个苹果。但倘若你有一种思想，我也有一种思想，我们彼此交换这些思想，那么，我们每人将有两种思想。”他对年轻的员工们说：“20 多年丰富的工作经验是我的一笔宝贵财富，而你们的创新意识与接受新鲜事物的能力也是我所不能及的。大家只有彼此经常交流、互相借鉴学习，才能使试验班不断进步。”

试验班有个刚毕业的大专生心浮气躁，在试验柴油机过程中屡次出现失误，鹿新弟在交接班会上当面点名批评了他。不久，他又出现了类似的错误。鹿新弟感到如果再当面批评，效果非但不好，反而会给他增加沉重的心理负担。于是当晚，他就在自己的微信里写了一篇日志，以委婉的方式对那个青工提出了批评。他在日志中这样写道：“懂得珍惜机会，善始善终，努力做好每一件事情。当做错事的时候，能否知道错在哪儿，是什么原因，如何避免？机会只为懂得珍惜机会、善始善终的人准备。我相信你们在经历过一些挫折后一定会走向成功，我愿做一把扶梯助你们走向成功。”那个大专生看过日志后给鹿新弟回复了一个简短的留言：“嗯，懂得，谢谢！”班长的几句话打动了他的心，他逐渐改掉了心浮气躁的毛病，工作越来越认真。

试验班的大多数员工也将自己的心路历程记录在微信上，将工作和生活中的欣喜、疑惑、失落与大家一起分享。有的员工在工作中遇到难题，写出日志表达郁闷心情，鹿新弟及时发现，留言劝慰，加油鼓劲儿。员工们都将鹿新弟看作是工作和生活上的双重凝聚核心。小小的微信群在班组管理中发挥出了巨大的作用，成为员工们互相交流的纽带。试验班的员工们亲切地称自己的微信群组是“技术交流的天地”“心灵的港湾”。

76. 总装一班班长陈卫民设置班组“竞赛台”

为了开展好劳动竞赛，东风商用车公司车身厂内饰一车间总装一班班长陈卫民可是想破了头。这天，陈班长突然灵感一闪，就兴冲冲地冲出了门。

第二天早上，早到的员工刚进门，就发现班组工作现场出现了一个“神秘来客”——一块大大的木板。员工们纷纷猜测起来，这玩意儿到底是做什么用的？难道是谁搞的恶作剧？

就在员工们不停猜测的时候，陈班长来到了现场，他只是站在台边神秘地笑，一位员工耐不住了，问道：“班长，这是什么啊？放这儿干啥用啊？”陈班长笑了一下说：“这是劳动竞赛台……”话还没说完，员工又开始纷纷议论起来。班长两手一伸，说：“打住，打住，让我先好好说明一下！”

原来，这是专门为班组开展劳动竞赛而特意安排的竞赛台。由班组 5 个小团队的组长将每一个人的工作质量、安全、成本、劳动纪律等方面的统计数据填写在这块木板上的数据表里，按分值段，画上红旗或黑旗。目的是通过目视化，提高大家的工作积极性，增强大家的综合能力。

一开始，员工们都觉得有意思，纷纷表示支持。大家在生产上都攒着一股劲儿，不甘落后，相互之间几乎没差距，并且每天都围着竞赛台进行议论，看谁前谁后。可是，时间久了，差距就有了，有些员工的面子上就有些受不住了。这样一来，班组员工每天都牵肠挂肚，路过竞赛台的时候，都要驻步观望，看自己有多少分，是得红旗了还是得黑旗了，往往心惊胆战的。说真的，这可不是闹着玩的，如果黑旗过多，排在最后一名，不但绩效评价不好，工资晋级受影响，而且全车间人都看得见，会笑话的，多难为情啊！更别说车间是观光路线之一，让厂领导和客人看见多没面子啊！失钱事小，丢人事大，这怎么能落后呢！

可总是还有几个员工落在后头，心里就闹意见了：怎么老落后，这不是丢人吗？俗话说“人要脸，树要皮。”于是有些人就偷偷地把黑旗擦掉，画上红旗；或者直接找陈班长说事，抱怨小组长有偏见，偶有失误就记上，台子放在现场，太没面子，总之就是要求将黑旗改为红旗；也更有甚者，直接将竞赛台藏起来，要个大变活“台”的把戏……

鉴于此，班长陈卫民认为问题严重了，他召集班组所有成员，开了一个班组民主管理会。一开场，陈班长就发言说：“设立劳动竞赛台，是经过大家一致表态通过的。既然是民主通过，我们就要遵守。竞赛中，我们要一视同仁。如果个人有失误被记下来，说明小组长工作无私，如果你发现他人有错误没记，你也可以及时反映，我们作为奖励会给你加分。另外，人人都有可能犯错，每个人应该从失误上找原因，避免下次犯同样的错误，这样一个月下来，你就不一定是最后一名了。再说了，你涂改旗帜、私藏竞赛台，还不如多动脑筋从为班组做贡献的小改善等加分项上来赢得红旗，这多有脸面。你要是还不行，我老陈就帮你一起搞，不信你不能改进！”

会后，班长陈卫民与小团队负责人马上对最差者展开绩效辅导，帮他们制订绩效改善计划，一步一步帮助落在后面的人逐步提高。

现在，总装一班每一位员工走过竞赛台的时候，都变得更自信了。在他们眼里，竞赛台上的那片耀眼的红已经不仅仅是一种光彩颜面，更代表着他们掌握着精湛的技艺，这是响当当货真价实的本领。

77. 三道沟工区工长刘书平的“快乐点名会”

踏进丹东工务段前阳线路车间三道沟工区大门，正是值班前点名会的时间。以往在这个时间里，员工们早来晚到、你喊我叫，十分热闹。

今天的热闹有所不同，隐约听见一阵哄笑声，过了不大一会儿，笑声渐低，传来一个洪亮、略带口吃的声音。推门进去，一个高个子、黑脸庞的汉子——工区工长刘书平坐在办公桌旁，正在安排当天的生产任务，环视屋内四周，员工穿戴着整齐的工作装，面带微笑、认真地听着。

刘书平介绍说，他在这个工区已经有些年头了，刚当工长的时候，工区职工的素质还不是这么高。那时候，员工工作懒散、纪律松弛，重活累活能躲就躲，上道作业都不舍得出力，工时利用率特别低。工区每天就在下班的时候特别热闹，员工像一窝蜂似的急着往家赶。“看到他们这样，我都感到累得慌，尤其是在点名会时，‘卡点’现象特别突出，时间不到，见不到人影，就差那么三两分钟，员工们才露面，急急忙忙换衣服，我都点名了，还有的人鞋都没有穿好，一边系鞋带一边听我讲。在这样的点名会上，我安排生产任务、强调安全注意事项，员工们听不清、记不住，安全没有保障。”

对此，刘书平细心琢磨，如何才能吸引员工们的兴趣，让他们把工区当成自己的家一样。他就从点名会入手。刘书平和班长俩人在工作之余收集一些新闻、趣事、家长里短，利用刘书平有点口吃的特点，在点名会开始前 5 分钟内，他俩就你一言我一语地把大家逗乐，同时让他们也参与进来。点名会时的工作安排、安全注意事项也尽量轻松、幽默，让大家愉悦，使他们能记在心里。一点点地，刘书平再把时间提前，最后工区所有职工都愿意早点来享受这点名会的快乐。

“卡点”现象消失后，刘书平又在“快乐5分钟”里加入新的东西，除了新闻、趣事、家长里短，又加些作业违纪、事故案例、人身安全方面的内容，使职工能入耳、入脑、入心。现在，工区职工在现场作业都能互相提醒、互相协作，工时利用率也有了提高。如果有哪位职工有违章的苗头，其他职工就会及时提醒说：“你忘了？工长今天点名会上说……”大家就会笑上一阵，然后按照标准工作。

在繁忙而枯燥的线路工作中，如果少一些动辄粗暴、呵斥的管理作风，而多些像诙谐、幽默、轻松又不失凝聚力的“快乐点名会”的方式，也许会使令人头疼的班组管理工作容易些。

五、班组安全管理与安全活动方法参考

在班组，班组长是班组决策的核心，也是进行班组管理的主要责任人。传统的管理模式要求班组长必须具有较高的技术能力，而忽视了对班组长管理能力的培养和要求，所以许多企业的班组长都没有接受过管理能力方面的学习与培训，班组长只是凭经验管理，从而导致班组长在班组管理中不能与员工有效沟通，经常使用强制手段制定决策和操纵过程。在新的时期，面对成长起来的“80后”“90后”“00后”的年轻人，班组长需要了解相关的班组管理知识，了解班组组织活动的方法，这对班组长提高管理水平、促进班组团结具有重要的意义。

78. 白国周班组管理法

2009年10月27日，原国家安全生产监管总局、国家煤矿安全监察局、国务院国资委、中华全国总工会、共青团中央联合下发《关于学习推广“白国周班组管理法”进一步加强煤矿班组建设的通知》（安监总煤行〔2009〕212号，以下简称《通知》）。《通知》指

出：加强班组建设是煤矿安全生产的第一道防线，只有保证现场每个人的安全、每个班组的安全，才能保证煤矿企业的安全。长期以来，各地区、各部门、各煤矿企业在加强班组建设上积极探索，做了大量扎实有效的工作，有力推动了安全生产形势持续稳定好转。“白国周班组管理法”是河南省中平能化集团七星公司白国周同志在担任班长的 22 年工作实践中，不断探索和总结出的一套行之有效的班组管理方法，得到了中央领导同志的高度评价。

（1）“白国周班组管理法”主要内容

白国周 1970 年出生在河南省宝丰县的一个农民家庭，1987 年因家庭困难而不得不放弃学习来到煤矿当一名矿工，后为中平能化集团七星公司（原平煤集团七矿）开拓四队班长。

白国周在长期的工作实践中，不断探索煤矿安全生产的经验和班组管理方法，创造出了可学可用的“白国周班组管理法”，不仅保证了白国周班组 22 年的生产安全，而且为煤矿班组建设和煤矿安全生产积累了宝贵经验。白国周本人也因此成为煤矿安全的典范和基层班组长学习的楷模。

白国周在日常的生产实践中总结出了一套行之有效的班组管理方法，其主要内容可以概括为“六个三”，即“三勤”“三细”“三到位”“三不少”“三必谈”“三提高”。

1）“三勤”：勤动脑、勤汇报、勤沟通。

勤动脑：对井下现场情况，班组要勤于分析思考，总结其中的规律，寻找解决问题的办法，以便在出现安全问题时，能够迅速处理，避免事态进一步发展。

勤汇报：对生产过程中发现的隐患和问题，应及时向领导汇报，以便领导及时了解情况，迅速采取应对处置办法。

勤沟通：班组长要经常与队领导沟通，了解队里的具体要求；与上一班和下一班的班长沟通，了解施工进度和施工过程中出现的问题；与工友沟通，了解掌握工友工作和生活情况，及时消除可能对生产安全构成威胁的因素。

2）“三细”：心细、安排工作细、抓工程质量细。

心细：从召开班前会开始，针对当班出勤状况，班组长要分析各岗位人员配置，做到心中有数，尤其是一些特殊岗位，班前会上要仔细观察这些岗位人员的精神状态。

安排工作细：要认真考虑什么性格的人适合干什么性质的工作，量才使用，发挥长处，提高效率，减少个人因素可能带来的隐患。

抓工程质量细：严格按照施工要求、操作规程和安全技术措施施工，严把工程质量关。

3）“三到位”：布置工作到位、检查工作到位、隐患处理到位。

布置工作到位：班前布置工作必须详细、清楚，工作任务、安全措施等必须向工友交代明白，哪个地方有上一班遗留的问题，必须提请工友注意，及时解决。

检查工作到位：对自己所管的范围，不厌其烦地巡回检查，每个环节、每个设施设备都及时检查，不放过任何一个隐患点。

隐患处理到位：无论到哪个地方，发现隐患和问题，能处理的及时处理掉，当时处理不了的，就在明显处用粉笔写下隐患情况，指令有关人员处理。

4）“三不少”：班前检查不能少、班中排查不能少、班后复查不能少。

班前检查不能少：接班前对工作环境及各个环节、设备依次认真检查，排查现场隐患，确认上一班遗留问题，指定专人整改。

班中排查不能少：坚持每班对各个工作点进行巡回排查，重点排查在岗职工精神状况、班前隐患整改情况和生产过程中的动态隐患。

班后复查不能少：当班结束后，对安排的工作进行详细复查，重点复查工程质量和隐患整改情况，发现问题及时处理，处理不了的现场交接清楚，并及时汇报。

5）“三必谈”：发现情绪不正常的人必谈、对受到批评的人必谈、每月必须召开一次谈心会。

发现情绪不正常的人必谈：注重观察工友在工作中的思想情绪，发现有情绪不正常、心情急躁、精力不集中或神情恍惚等问题的工友，及时谈心交流，弄清原因，因势利导，消除急躁和消极情绪，使其保持良好的心态投入工作，提高安全生产注意力。

对受到批评的人必谈：对受到批评或处罚的人，单独与其谈心，讲明原因，消除抵触情绪。

每月必须召开一次谈心会：每月至少召开一次谈心会，组织工友聚在一起，谈安全工作经验，反思存在的问题和不足，互学互帮、共同提高。

6）“三提高”：提高安全意识、提高岗位技能、提高团队凝聚力和战斗力。

提高安全意识：引导职工牢固树立“安全第一”理念，通过各种方式教导工友时刻绷紧安全这根弦，时刻把安全放在心上，坚决做到不安全决不生产。

提高岗位技能：经常和工友一起学习、研究掘进各工种的工作原理和操作技术，提高安全操作技能。经常组织工友针对生产和现场管理中出现的问题一起讨论，共同寻找解决问题的办法，着力提高班组每一名工友的综合素质。

提高团队凝聚力和战斗力：想方设法调动每一位工友的积极性，不让一名班组成员掉队，争取使大家都学会本事。针对职工中存在的一些不文明现象，要求大家做文明人、行文明事。工友偶犯错误，不乱发脾气，而是因人施教，耐心指出问题根源，大伙儿一起帮助改正。

（2）“白国周班组管理法” 主要特点

“白国周班组管理法” 主要特点体现在以下几个方面：

1）牢记安全第一理念，执行安全管理制度，任何情况下都把安全生产放在第一位，坚决做到不安全绝不生产。白国周说 “安全第一”，可不是嘴上说说而已，在实践中他确实就是这么做的。他上班的第一天就给自己立下了一个誓言：“我这一辈子绝不违章。”22 年的工作实践中，他不仅自己没有一次违章，而且还主动帮助工友增强安全意识。一次班后复查时，白国周发现一根锚杆打得不合格，要求返工，但需要到附近的三分队去借工具，来回需要半个多小时。工友劝他，一根锚杆也坏不了多大事，喷进去后谁也看不到，就别再费事了。白国周说正是因为看不到，安全事故隐患才更可怕。不得已，工友只得借了工具重新打锚杆，直到达到要求才升井。

2）生产过程中注重质量，盯住细节，勤于检查，抓好落实，时刻注意把隐患消灭在萌芽状态。白国周同志说：“质量是企业的生命，同样也是安全的保证，质量搞不好就不可能搞好安全。”他在带领团队施工过程中，始终坚持追求最优的质量等级。22 年来，他所在班组掘进、维修井下巷道近万米，工程质量全部达到了优良品，不仅保证了安全，而且提高了效益，增加了职工的收入。他和他的工友确确实实尝到了质量优良所带来的甜头。盯住细节和勤于检查是白国周同志现场管理的又一重要手段。每天开完班前会、到达井下现场后，从风门、绞车、轨道、耙斗机到掌子面，他都依次认真检查一遍，不放过任何一个细节。有一次，他发现绞车一边的滚筒处两根螺栓松动，就把问题写在一旁较为醒目的位置，要求绞车司机到位后及时与小班机电工联系，问题不处理坚决不能开动绞车。一个班结束后，他还要详细地复查，能处理的及时处理，不能处理的就做到口传口、手交手，进行严格的交接班。多年来，在白国周同志科学严谨的管理下，许多隐患都被消灭在萌芽状态，安全生产的各项规章制度得到了贯彻落实。

3）刻苦学习，钻研技术，言传身教，带领工友努力成为开拓掘进的行家里手和技术能手。白国周非常注重自身的学习和素质的提高。他从一个仅有初中文化的农民工起步，通过自学和实践锻炼，系统地掌握了绞车、电车、耙斗机等 10 多个工种的工作原理和操作要领，一个人拿到了 5 个特殊工种的上岗证，成为知识型、安全型、技能型、创新型的新时期产业工人优秀代表，先后多次获得中平能化集团“技术状元”“首席技工”等称号，2009 年 4 月获得了全国“五一劳动奖章”。同时，他还带领他的班组共同学习进步，通过言传身教、签订特殊师徒合同等多种办法，帮助工友学习本领、提高技能，把许多工友培养成了技术骨干。现在白国周班组共有 15 名矿工，个个都是一把好手。几年来，在七星公司组织的技术比武中，该班有 7 人次夺得前三名。班组的开拓进尺、安全质量、成本效益等多项指标始终处于公司前列。白国周班组多次被公司评为“和谐班组”和“先进班组”。

4）坚持以人为本，亲善求和，以人性化管理和亲情感召凝聚工友思想意志，努力形成安全生产的整体合力。白国周同志常说：“把每个工友都当成亲兄弟，这个班就一定能搞好。”“把大家的方法凑到一块儿，就是最好的方法。”他坚持公正透明的工资分配办法，激发工友的劳动热情，坚持亲情管理，维护班组的和谐团结，在班组管理中产生了重要作用。每月大家休班的时候，白国周都要组织班里的工友们一起聚会，谈工作、聊家庭，气氛十分融洽。通过聊天，白国周对班里每一名职工的家庭住址、家庭成员等情况都作了详细了解，甚至连工友家人的生日他都记住。逢年过节，他要组织班里职工聚会，经常组织给工友们及其家人过生日。班里谁家有人生病，大家都主动去探望。哪个工友有怨气，白国周就主动找他谈心，晓之以理，动之以情。长期的交往使全班十几个小家庭形成了一个和谐温暖的“大家庭”。多年来，白国周班组的工友们像亲兄弟一样抱成团，心往一处想，劲往一处使，生活上互相关心、工作上互相帮助，不仅每月都圆满完成了生产任务，而且还结下了深厚的友谊，队里调动人员时，大伙都不愿出这个班。

5）22 年始终如一，持之以恒，尽职尽责，在岗位上书写奉献，在平凡中创造不平凡的业绩。白国周对煤矿因了解而热爱，因热爱而执着，因执着而尽责，这是他 22 年来始终如一、不懈追求的动力源泉。开拓四队党支部书记石峰说：“白国周并没有因为是农民工就不把自己当主人看，而是深深地爱着自己的岗位，像爱护自己的家一样守护着矿山的安全。”做一件事并不难，难的是20 多年持之以恒。白国周坚持“三勤”跑现场，“三细”保质量，“三到位”抓落实，“三不少”查隐患，“三必谈”聚亲情，“三提高”塑团队，持之以恒地学技术、提技能，把枯燥、单调的事情做得有声有色，在平凡的工作中创造了煤矿班组安全管理不平凡的业绩。

79. 班组动态安全管理方法

动态安全管理是指在整个生产过程中，对生产的工艺流程和生产作业过程进行安全跟踪、预测控制，使安全生产在每时、每班、每个环节都得到保证。对于班组来说，动态安全管理要做 5 个方面的控制，即制度控制、作业控制、重点控制、跟踪控制、群防控制。动态安全管理的核心与基本思路是安全生产的全员参与、全过程跟踪、全方位控制和全天候管理。通过安全责任的分解，将安全责任落实到人，形成事事有安全标准、人人有安全职责，保证安全生产目标的实现。

（1）动态安全管理的核心与基本思路

动态安全管理的核心和基本思路，可以集中概括为：安全生产全员到位，安全目标总体推进，安全过程全程跟踪，安全工作科学运作。

1）安全生产全员到位。全员到位的内涵是确立“安全第一”的位置，真正使之居于班组生产作业的首位，班组成员在工作过程中先讲安全、先抓安全、先管安全。在“第一”的位置上，明确每位职工的安全基本职责和安全考核指标，坚持履行“安全生产人人有责”的原则。

2）安全目标总体推进。总体推进的内涵：认识到安全管理的复杂性，认识到保证安全生产人人有责，认识到安全生产涉及班组的全部工作和全体职工，班组全体成员要围绕安全生产目标，脚踏实地、循序渐进地加以实现。

3）安全过程全程跟踪。全程跟踪的内涵：班组为了实现安全生产，需要自觉地积极行动起来，把保障安全生产变成自己的自觉行动；大家共同关心安全生产，你出主意，我想办法，群策群力，把事故隐患消灭在萌芽状态。

4）安全工作科学运作。科学运作是指在班组安全管理中，要利用安全科学技术，如可利用现代信息技术中的多媒体电化教育开展安全教育；利用安全检查表进行安全检查；利用因果分析图、故障树分析、事件树分析进行事故分析；利用危险度预测、安全评价等进行安全检修，通过科学运作取得事半功倍的效果。

（2）班组动态安全管理的实施

1）全力控制人的行为。生产中最活跃的因素是人，而人的行为又取决于人的思维观念，即思维意识。因此，从人的动态思维出发，以转变人的思维导向为手段，控制人的行为，这是动态安全管理的第一要素。

2）采用重复记忆的方法进行宣传教育。实施动态安全管理，就要用员工身边发生的各类事故和亲身经历，进行现身说法、自我教育，可以采用重复记忆的方法强化宣传教育效果。一方面吸取安全生产中失误的教训，做到警钟长鸣；另一方面总结安全生产中的成功经验，使员工增强自豪感，提高安全生产积极性。

3）严肃对事故的处理，实行责任追究。认真落实安全生产责任制，是动态安全管理的重中之重。在一个企业，安全生产责任制是严肃事故处理的重要依据，因此，推行“一岗一责，人人有责”的责任制，是责任追究的必然。要对发生事故的单位和个人坚持“四不放过”的原则，做到“事故原因一清二楚，事故处理不讲感情，事故教训铭心刻骨，事故整改举一反三。”

4）安全检查是动态安全管理的有效手段。实践证明，企业经常开展各种形式的安全检查，是发现隐患、减少事故的有效手段。在安全检查中要注意解决实际问题，消除可能造成事故的各种隐患。

5）开展多种形式的安全活动。在企业动态安全管理中，开展多种形式的安全活动是必要的，是促进安全生产顺利进行的载体。例如，开展持证上岗制度，能有效杜绝安全技能差的人员从事专业性强的作业；开展设备包机制，能将设备的安全运行托付给设备责任人；开展巡检挂牌制，能使整个运行过程处于有效的控制中；开展班前安全讲话、班中安全操作、班后安全讲评活动，能使班组安全生产落到实处；开展安全抵押承包，能把经济利益同安全生产挂起钩来，形成安全生产利益共同体；开展安全技术比武，能迅速提高职工的安全技能；开展互结对子活动，能规范后进职工的安全行为；开展安全明星活动，评选出“安全明星班组”“安全明星个人”，能形成比学赶帮超的安全氛围，这些都是动态安全管理的实施办法。

（3）班组在动态安全管理中的控制方法

动态安全管理首先就是要发现、鉴别、判明可能导致灾害事故发生的各种因素，尤其是事故隐患，并积极消除和控制这些危险，这就是通常所说的超前控制和超前预防。超前预防就是应用现代科学的安全管理方法和工程技术对生产的全过程系统地、全面地进行事前分析，判断出各种危险性因素，并对可能产生或发展成事故的因素给予科学的验证和预报，找出最佳的预防措施，解决或制止事故的发生和发展，使生产处于安稳状态，从而达到班组安全生产的科学化、规范化和制度化。班组在动态安全管理中要采取制度控制、作业控制、重点控制、跟踪控制和群防控制的方法，这些方法已被实践证明是行之有效的。

1）制度控制。动态安全管理必须有一套严密完备的规章制度作为保证。许多企业伤亡事故多的重要原因之一，在于安全生产规章制度不完善、不健全。要对班组实行动态安全管理，就要在不断完善和充实规章制度上下功夫，建立一套符合本企业特点的安全生产管理规章制度，使安全生产管理向科学化、规范化、标准化发展。执行制度要严在贯彻上、严在动态管理上、严在事故发生前，使规章制度起到安全生产的导向作用。

2）作业控制。作业控制就是经常分析生产作业中的危险因素，有针对性地采取控制对策，按班、按日检查落实情况，发现问题及时解决，这也是常说的过程安全控制。作业控制最有效的方法，是依据工作性质的不安全状态和信息反馈的因素对安全检查的对象加以分析，把大系统分成若干子系统，确定安全检查项目，再把检查项目按照大系统和子系统的顺序编制成班组安全检查表，每班对照检查，确保检查有规律、检查项目全、内容底数清、问题责任明、整改落实快，从而达到安全作业的目的。

3）重点控制。重点就是危险源（点），如有毒有害作业场所、易燃易爆生产场所、立体交叉作业场所、高处作业和其他特种作业等。对于重点场所，要配备各种醒目的安全标识，做到“有眼必有盖，有边必有栏，有空必有网，有线必有杆”。

4）跟踪控制。跟踪控制就是按照事故“四不放过”的原则，对已发生的事故和出现的事故苗头狠抓不放、跟踪控制，从事故苗头中寻找失控点，制定控制对策，杜绝类似事故的发生。

5）群防控制。班组实施动态安全生产管理意味着管理密度的增加，也就是实行集约管理、精细管理。工作量显著增大，只靠少数几个人远远不够，必须采取宏观控制和微观控制相结合、专业管理和员工自主管理相结合的方法。只有广大职工行动起来，在生产作业过程中做到个人不违章、岗位无隐患、过程无危险，才能实现班组乃至整个企业的安全生产。

80. 生产班组安全质量标准化管理方法

在企业的生产过程，人的行为由于受各种因素的影响，常出现各种“异常”而导致事故。这种“异常”包括暂时遗忘、精力分散、配合失误、缺乏协调等。作业标准化就是对作业过程的操作程序和作业动作进行分解，筛选出安全、经济、优化的操作程序、作业动作、作业组织程序等，把它们规范化、标准化，并严格执行，从而克服和避免作业人员因“异常”而导致的事故。

（1）作业标准化的概念及意义

作业标准化是在总结实践经验和进行科学分析的基础上，对作业方法加以优选优化，制定标准和贯彻标准的活动过程。按照标准化要求进行作业就是标准化作业。推行作业标准化具有如下意义：

1）标准化作业是生产安全的客观需要。人的不安全行为不论是有意还是无意的，最终多数都可归结为错误的操作。每个人所受的教育训练、工作经历、技术水平等可能存在很大的差异，因而造成失误的原因也各异。为了减少操作人员的失误，必须针对不同的生产条件提供具体的操作方法与程序的标准，即作业标准。作业标准是经验和科学的总结，体现了安全、舒适、优质、高效的客观规律，因此只要按照它进行作业就能有效地防止错误操作。

2）作业标准化是管理规范化的基础。标准化是以制定和贯彻标准为主要内容的有组织的活动过程。把标准化的方法应用于管理领域，通过制定和贯彻管理标准，使企业生产过程各环节、各要素达到有机、合理配合，使管理定量化、科学化，这就是管理的标准化。在管理标准化基础上，以各种岗位工作标准为依据，从组织行为角度，确定职工必须遵守的行为准则，并用于约束、指导和激励职工的行为，就是管理的规范化。无论是管理的标准化，还是管理的规范化，都是以岗位工作标准为依据的。一个生产系统的产品生产，是生产系统各要素和各个生产过程环节协作完成的，每一个环节都必须按一定的方法、程序和标准来运行，否则生产系统就无法形成其特定目标。所以要实现管理的规范化，首先必须实现各生产过程作业的标准化。

3）标准化作业是安全规章制度的具体化。作业标准是安全生产规章制度的具体化，安全操作规程和岗位责任制等制度对消除或减少生产活动中的危险因素进行了限制性的规定，但一般都并不指明保证安全的具体做法。安全技术操作规程主要是解决“干什么、不该干什么”的问题，而“怎么干、先干什么、正常情况下怎么做，特殊情况下怎么做”这些问题就必须通过具体作业程序来回答。如果用从宏观到微观的思想方法来说明，安全规章制度、操作规程对安全的规定是较一般性的，相对较宏观的；对于作业中比较具体的程序方法，只能通过作业标准来加以补充和完善，所以作业标准属于更微观层次的安全规定。另外，由于生产过程有很多随机的因素，条件千变万化，有时现有的规章制度与所处的条件差别很大而不适用，这时就必须以作业标准作为依据。因此从这个意义来说，作业标准又是规章制度的基础。

（2）作业标准的内容

作业标准化主要包括作业程序的标准化、作业方法及手段的标准化。作业过程是在人机系统中进行的，也就是说作业过程涉及从事操作的人、运行的设备、使用的器具、作业环境以及对作业过程的管理。因此，要做到作业标准化，必须同时使作业过程所涉及的各要素也标准化。作业标准化除了作业程序、方法、手段的标准化外，还包括人的行为、作业环境整治、设备检查维修、工器具放置使用、劳动防护用品穿戴、个体防护设施准备以及共同作业的指挥联络等各方面的标准化。

1）作业过程标准化。从时间因素来看，任何一个作业过程都是由一定的要素在一定的空间和时间里交替作用的结果。因此，作业过程标准化首先体现在作业程序的标准化，这种程序标准包括宏观方面和微观方面。宏观方面如工序衔接的标准、作业人员轮班（交接班）的标准等；微观方面主要是某个操作的标准程序，如起吊作业中对某个物件起吊过程应包括准备、开动行车、开到吊物位置、落钩挂吊、起吊、运行、到达指定位置、落钩、升钩等程序。作业方法标准比作业程序标准更为综合，它主要是指完成某项任务过程中各要素的配置情况，如人员、手段、器具、材料、运作方式、作业组织等的配置。

2）人员行为的标准化。人员行为的标准化对安全具有重要意义，因为很多事故是人为失误引起的。人既是作业过程的一个参与要素，同时又是控制作业进程和运作方式的主人。从操作者自身来说，人员穿戴应符合作业规范，当使用劳动防护用品时，穿戴也应标准化。当人作为作业过程的指挥者时，其指挥动作应标准化（对不同的作业应有不同的标准）。指挥动作的标准应符合安全、准确、经济原则，如指挥的位置、姿势、动作幅度、速度、动作要素和运动轨迹范围和安全要点等都应标准化，满足安全、舒适、准确、高效的要求。安全要点是作业标准中对安全工作的重点提示，即防止作业中发生危险、出现意外的操作要领。需要注意的是，作业中的交流也应标准化，包括交流手势（即体态语言）标准，语言、口令标准，交流方式标准等，一般应使用普通话。操作中具体使用语言、口令应按一定的规则设计，尤其对险情信号的交流更应标准化。

3）作业环境标准化。作业现场应做到标准化，要求作业设备装置性能良好，安装合格；按标准配备性能良好的安全设施，装设安全标识牌；工具材料摆放整齐、标准化；作业环境卫生标准化；文明生产等。

4）作业设备检修标准化。设备运行过程应按一定的要求进行监护，这种监护应程序化、标准化。对各种类型的设备，应根据其特点制定出检查、维护、定期修理的标准。同时，检查维修过程也应标准化。

5）作业管理标准化。作业管理标准化包括管理制度标准化、安全信息标准化、安全业务活动标准化。管理制度标准化就是使安全管理各项制度的执行标准化，包括安全检查制度、安全教育制度、事故分析制度、隐患处理制度、紧急事故处理程序、职工安全准则、班组安全工作制度等。这些制度要求内容齐全、职责分明、具体可行，形成事故预测预防体系。

6）安全信息标准化。对信息类型、格式、项目含义的理解，相对指标的计算方法，统计分析方法等方面应符合统一规定。安全信息标准化工作应遵循以下原则：①信息准确、全面，适用范围广；②为信息加工处理创造条件；③有利于提高安全管理水平；④实事求是。

7）安全业务活动标准化。这是指安全活动的程序、内容要求有较固定的模式和优化的方法，如危险预知活动、安全竞赛活动、安全文化建设等，都应做到活动规范化、内容具体化并有针对性。

（3）作业标准制定的原则

1）符合政策。作业标准应贯彻国家有关安全生产的政策和法规，符合上级的有关制度、标准、文件和规定，不得与国家和上级标准发生抵触。

2）保持连续。要充分考虑过去的安全生产管理基础，总结经验，吸取教训。要把安全操作规程、岗位技术规程、设备维护检修规程以及其他有关的法规、制度等作为制定作业标准的主要依据。

3）立足科学。要以安全作业分析作为制定作业标准的主要方法，使作业标准建立在科学分析的基础上。标准要力求定量化，只能定性时，表述也要力求准确简练。标准的内容、表达方式、书写格式、语言文字及使用的名词、术语、符号等均应符合标准化原理的要求，做到精简、统一、协调、优化。

4）总结经验。要重视总结操作人员的实践经验，特别是技术熟练人员的操作经验。制定的作业标准要能经受实际操作的检验。

5）结合实际。制定作业标准要从实际出发。同类型作业的作业标准应力求协调统一，但不同岗位若条件情况不同应允许适当变动。

（4）制定作业标准的程序和方法

作业标准的制定可按以下程序进行：

1）调查了解生产过程、作业种类。

2）制定作业分类体系，系统反映出各种作业类型（通用作业、专项作业）。

3）对每种作业进行安全作业分析并总结实践经验。

4）初步制定作业标准。

5）上下协商讨论，反复修改完善。

6）付诸实施，反复实践修改，直至定型。

（5）作业标准化的落实

作业标准化的推进，必然促进作业人员教育培训和生产、安全管理水平的提高。但是要使作业标准化能够顺利进行，最关键的是要改变企业员工的思想观念，使他们认识到作业标准化符合他们的根本利益。同时应使他们明确，标准是法规的一种形式，具有强制执行的性质。企业自定的作业标准虽然不是国家立法，同样具有法规的性质。在企业内部它是每位职工必须遵守的行动准则，如果因违反作业标准而导致事故，就要明确地承担责任。因此，企业应加强宣传，统一企业职工对实际作业标准化的认识；并通过组织培训，使广大职工掌握制定作业标准的科学方法，特别是要重点培训一批骨干力量；在此基础上，就可按上述方法与内容具体制定作业标准。制定好的作业标准，应组织岗位练兵，推广实施，使职工逐步掌握标准化作业的方法。为了保证作业标准能真正发挥作用，必须制定相应的奖惩制度，并严格考核。

●相关链接：晋西车轴分公司将标准化作业扎根班组的做法

近年来，晋西车轴分公司不断加大班组标准化工作建设的力度，在 2013 年标准化工作建设基础上，结合精益管理的具体要求，在各班组以标准作业指导书为依托，深入开展标准化建设，使标准化在班组这个最小的生产单元牢牢扎根，推动分公司基础管理水平、员工素质与精神面貌实现本质提高。

根据生产工艺的更新、装备水平的提升、作业环境的优化等情况，该公司不断完善各项规章制度，用通俗易懂的语言表述，使员工牢记并遵守。2013 年，公司就开始着手完善各项规章制度，由公司经理担任组长，各相关业务科室、班组长全员参与，深入每一个班组，对操作规程进行逐条核对、逐字逐句修改，全面更新了《设备维护保养规程》《设备操作规程》《安全生产规程》三大规章制度，使公司形成了“自上而下”的工作机制。例如，对某一台设备改造、工艺路径进行优化时，相关技术人员都会与一线操作员认真进行沟通交流、征求修改意见，对相应的规章制度进行修订，并及时下发至班组，从而使制度建设与时俱进，让标准切实成为员工行动的指南。

该公司在建设标准化作业的过程中，坚持“自上而下”与“自下而上”相结合的方法，将标准化执行是否到位作为检验工作的关键指标。一方面，各相关科室“自上而下”大力推动，成立工艺纪律、设备维护保养、安全生产等与生产息息相关的检查小组，并通过健全考核体系，对标准化的执行情况进行全方位的监督考核，日通报、周考评，促使执行力度不断增强。另一方面，员工们积极参与，“自下而上”不断完善班组作业标准，各班组成员结合自己的岗位与各项制度，对工作步骤、工作方法、技术指标、标准依据等一一对照，发现问题及时提出，使大家做到心中有数、有章可循。

为了使标准化成为员工的自觉习惯，公司在各工序醒目位置摆放工序作业指导书，还专门在每台生产设备上张贴设备点检卡、操作规程、保养规程等相关制度，确保标准化工作入耳、入眼、入心。正如一名员工所说：“原来只要保证班产、日产就行，其他工作差不多就行了。现在精益管理，要求严格细致，班产、日产在要求数量的情况下更要保证产品质量，就连产品怎么放、工具怎么摆、安全帽怎么戴，劳动防护用品怎么穿戴都有了具体标准。”随着标准化工作的不断深入，公司广大员工从被动应付转变为主动完善、认真执行，最终树立了“一切工作都要按标准执行”的行为准则。

81. 班组生产作业现场定置管理方法

生产作业现场定置管理是全面质量管理中的一种方法，它强调生产现场中人、物的有机结合，各种原料、材料、工具、器具实行分类管理、定置摆放，做到人定岗、物定位，以利于提高工效、提高产品质量。把定量管理移植到车间、班组安全生产管理上，能进一步深化安全生产工作。生产作业现场定置管理在一些企业取得了良好的效果，表明这种管理方法是可行的、有效的。

（1）定置管理的实施步骤

一般来说，生产作业现场中人与物的相互关系处于三种状态：一是人与物处于立即结合状态，即需要时随手可以拿到的状态；二是人与物处于欲结合状态，即找一找能拿到的状态；三是人与物处于无关状态，即现场的某些物品在生产中与人是无关系的或是多余的。班组定置管理最重要的一条，是确定与人无关的物品，并把它从生产现场清除出去，同时对人与物欲结合状态进行改善，使其达到人与物处于立即结合状态，并保持下去，形成标准化作业程序。

定置管理的实施应分为两步。第一步是整理现场。即对现场放置的全部物品进行清点整理，把不需要的物品予以清除或送到指定地点，把需要的物品全部进行擦洗，按人与物的结合状态划分区域和物品定置位置。整理后的现场应清洁、整齐、合理、有序。第二步是实施“五定”，即物品定置，人员定岗，控制点定标识，危险品定储量，A、B、C、D定状态。

（2）定置管理中的“五定”内容

“五定”是定置管理中的核心与重点。如果“五定”不能确定，那么定置管理就无法实施。现对“五定”内容进行具体说明。

1）物品定置。物品定置就是根据定量管理的要求，按照“要用的东西随手可得，不用的东西随手可丢”的原则，把不同类型和不同用途的物品放在指定的位置或区域，使操作人员能够做到忙而不乱、紧张有序。

2）人员定岗。人员定岗就是人与操作岗位的有机结合。岗位既定，操作人员就不得随意串岗或脱岗。对于某些危险品生产区，要有严格的定员定量规定，保证危险工序必需的操作人员，发生燃烧、爆炸事故时尽可能把伤亡和损失减到最小，降到最低。

3）控制点定标识。控制点定标识就是对一、二、三级危险点的控制设置明显的标识牌，上面写有简明的安全要求、危险等级和安全负责人，以利于随时提醒操作人员安全作业，形成条件反射，避免操作失误，也有利于安全管理部门对重点危险部位进行监督和控制。

4）危险物品定储量。危险物品定储量就是对易燃易爆或有毒物品规定其存放数量，并标在醒目的标识牌上，经常警告人们注意安全，而且也便于安全管理部门监督检查。

5）A、B、C、D定状态。A、B、C、D定状态就是按照定置管理要求和人与物的联系紧密程度，把作业现场经过定置后的物品划分成A、B、C、D四种状态，以便于区分和寻找。A、B、C、D四个字母是状态信息标志，使操作人员、检验人员、管理人员在工作中能够做到保持优良的 A 状态（在加工）、迅速寻到 B 状态（待加工）、及时处理 C 状态（已加工）、不断清理 D 状态（报废或返修），从而进一步提高工作效率，保持作业场所的整洁文明。

（3）实施定置管理要达到的效果

实施以“五定”为主要内容的定置管理，是把安全管理和质量管理有机地结合起来，使操作者在一个良好的、有安全保障的环境中进行操作。实施定置管理可起到如下六个方面的良好效果：第一，使生产现场的人、机、料、法、环始终处于科学合理的紧密结合状态，为实现安全文明生产奠定了良好的基础；第二，彻底改变了某些车间、班组原来的脏、乱、差面貌，使人流、物流、人员岗位、物品位置都清清楚楚，井井有条，一目了然，一切都按一定的程序进行和发展；第三，使车间、班组的安全、质量、工艺、设备、物资等多项管理融合在一起，同时进行、互为促进，形成了全方位的安全管理；第四，整洁有序的物品摆放和规范化的现场管理，能给操作者创造良好的心理环境，使操作者普遍感到“看起来顺眼，说起来顺口，干起来顺心，拿起来顺手”，大大减少人机事故；第五，使职工养成良好的清洁文明习惯，不仅在生产现场做到了定置，办公室的用品和家庭的个人用品也能定量定位，提高了人员素质；第六，增强了职工维护和保持作业场所文明生产的责任感，提高了职工为集体增光的荣誉感。

82. 生产作业现场“5S”管理方法

“5S”最早是从日本丰田公司的现场管理实践中总结出来的，随后在其他企业得到了广泛普及，目前已经在世界许多国家得到推广应用。“5S”既是一种现场管理方法，又是一种安全文明生产活动，开展“5S”活动有助于改善物质环境，提高职工素质，对提高工作效率，保证产品质量，降低生产成本，保证交货期具有重要的作用。

(1)“5S”的含义和“5S”活动的目标

“5S”所指的整理、整顿、清扫、清洁和自律，各有其含义。

1）整理。明确区分需要的和不需要的物品，在生产现场保留需要的，清除不必要的物品。

2）整顿。对所需物品有条理地定置摆放，使这些物品始终处于任何人都能方便取放的位置。

3）清扫。生产现场始终处于无垃圾、无灰尘的整洁状态。

4）清洁。经常进行整理、整顿和清扫，始终使现场保持整洁的状态，其中包括个人清洁和环境清洁。

5）自律。自觉执行工厂的规定和规则，养成良好的习惯。

“5S”没有什么复杂、高深的内容，但只要长期坚持下去就会使现场管理水平有一个本质的飞跃。在现场开展“5S”活动最终是要达到以下几个目标：一是保证质量，提高工效；二是降低消耗，降低成本；三是保证机器设备的正常运转；四是改善工作环境，消除安全隐患，提高员工工作的满意度；五是提高班组长和员工现场改进能力。

(2) 整理的目的和方法

1）整理的目的。整理是对物品进行区分和归类，将经常使用的物品放在使用场所附近，而将不经常使用或很少使用的物品放在高处、远处乃至仓库中去。在具体实施中，可根据重要程度、是否经常使用、价值如何以及物品使用部门来区分。总的说来，整理的目的：一是腾出空间，充分利用空间；二是防止误用无关的物品；三是塑造清爽的工作场所。

2）整理的方法如下：

①分类并清除不需要的东西。整理前，首先考虑：一是为什么要清理以及如何清理。二是规定整理的日期和规则。三是整理前要预先明确现场需放置的物品。四是区分要保留的物品和不需要的物品，并向员工说明保留物品的理由。五是划定保留物品安置的地方。

分类的方法有许多，如按种类、性能、数量、使用的频率等进行分类。最常用的是按使用频率分类，可以一日或一周为单位计算使用频率，这种分类方法是最有效的。

②用拍照的方法确认整理的效果。将未整理的现场照片和整理后的现场照片对比，整理的效果就会一目了然。一是选择适当的位置和角度，将作业现场拍摄下来。二是进行整理后，用同样的方法再拍摄一遍。三是将前后拍摄的照片进行对比，发现做了哪些调整及效果如何。

③保管和保存。整理出来的物品，有保管与保存两种处置方法。在此，短期暂时存放称为保管，长期存放称为保存。根据不同对象，可具体明确保管和保存的标准。

一般使用量较大、使用频率较高的物品，宜保管在作业现场附近；而使用量小、使用频率低的物品，则可以放入仓库保存或不固定保存场所。需保存的物品可以远离现场。需要保管的材料、产品备件、工具和消耗品等应确定保管的位置和空间。体积不大的物品可放在货架和柜子上、抽屉内，垃圾箱、灭火器材、清洁用具、危险品等要确定专用的放置场所。

④整理结果的标识。完成整理后，为使需要的物品能立即得到，可利用标牌、指示牌或黑板等予以标识：a. 在确定的保管场所标注区域和名称，明晰整个场地的划分和布置；b. 必要时，将放置方法和排列的条件用指示板予以说明；c. 对能够区分的物品用记号或序号进行标示；d. 物品可用图示符号或图片将其特征表示出来。

指示牌内容应简明扼要，如物品名称、分类、数量、存放位置或使用人等。在成品仓库里，不仅要用型号代码区别不同产品，还应使用不同大小、不同颜色或不同形态的指示牌标明箱中的物品。总而言之，标识的目的是明确“是什么”和“在哪里”，让人一目了然。

（3）整顿的目的和方法

1）整顿的目的。整顿是将现场所需物品有条理地定位与定量放置，让这些物品始终处于任何人都能随时方便使用的位置。整顿的目的：一是使工作场所物件一目了然；二是作业时，节省寻找物品的时间；三是消除过多的积压物品；四是创造整齐的工作环境。

2）整顿的方法如下：

①要用“5W1H”方法发现存在的问题。首先，对现场的每件物品都要用“5W1H”的方法明确是什么物品、在哪里、在什么时间由谁使用或保管，从中发现物件的定置摆放是否合理。然后，对问题要追根究源，不仅依据现有资料，还要追溯到以前的情况。一旦了解问题的实质，就立即明确改进的方向。

②合理放置，方便取放。对制造业来说，作业的对象大多是物流。对流动的物件，整顿并不在于单纯码放整齐，而是要使物件拿出容易，放回方便。为提高作业效率，方便取放的布局设计是整理的切入点，对工作效率有很大影响。在工作场地使用的零件和材料有很多是相似的，整顿时要注意避免混淆。

3）整顿的几点提示如下：

①设备的摆放改变会引起流程变化，对此要认真考虑。

②设置工作台、工件箱时，不仅要考虑固定式的，还要考虑带有脚轮的移动式的。安置工作台、货架等，可以考虑用从房顶垂直起落的方式来减少占用空间。

③质量大、体积大的物品应该放置在下层，质量小的放在上层。

④使用频率高的物品放在易于取放的场所。

⑤货架橱柜透明化。

⑥现场的货架和橱柜要尽量避免使用门，因为门会阻挡员工的视线，延长寻找时间，从而影响工作效率。

（4）清扫的意义和步骤

1）清扫的意义。任何工作都会产生垃圾和废物，清扫是使生产现场处于无垃圾、灰尘的状态。清扫本身就是工作的一部分，而且是所有岗位都存在的工作。清扫一是消除影响产品质量、成本、工效和环境的因素；二是保证设备良好运行，减少对员工健康的不良影响。

2）清扫的步骤。这里的清扫不是指突击性的大会战、大扫除，而是要制度化、经常化，每人从身边做起，然后再拓展到现场的每个角落。

清扫要分以下 5 个阶段来实施：

第一阶段——将地面、墙壁和窗户打扫干净。

第二阶段——划出表示整顿位置的区域和界线。

第三阶段——将可能产生污染的污染源清理干净。

第四阶段——对设备进行清扫、润滑，对电器和操作系统进行彻底检修。

第五阶段——制定作业现场的清扫规程并实施。

①打扫地面、墙壁和窗户。清扫地面，擦拭墙壁、窗户，清除灰尘、垃圾和油污，保持作业环境清清爽爽，让作业者每天都以愉快的心情投入工作。

②标识区域和界线。清扫后，下一步是处理好美观和高效的矛盾。这主要是按整理、整顿阶段的规定，划分作业的场地和通道，标识物品放置位置。对空闲区域、小件物品区域、危险和贵重物品区域等也要设法用颜色予以区别。

③杜绝污染源。最有效的清扫是杜绝污染源。发现和清除污染源需用手摸、眼看、耳听、鼻闻，要动脑筋、想办法才能做到。

污染大部分是外来的，如刮大风时带来的灰尘或砂粒、搬运散装物品时出现的泄漏。为杜绝外来污染，首先要将窗户密封，不留缝隙；在搬运切屑和废弃物时不要撒落；在运送水和油料等液体时，要准备合适的容器；在作业现场，要常检查各种管道以防止泄漏；对擦拭用的棉纱、脏的材料、工具等，要定点放置。

（5）设备的清扫

设备被污染容易出故障，且使用寿命会缩短。为此，要定期清扫检查设备和工具。现代化大生产中，设备越大，自动化程度越高，清扫和检修所花费的时间就越多。

（6）清洁的含义和方法

清洁主要是指维持和巩固整理、整顿和清扫的效果，保持生产现场任何时候都处于整齐、干净的状态。实施清洁的主要方法如下：

1）制定专门的手册。整理、整顿、清扫的最终结果是形成清洁的工作环境。要做到这一点，动员全体员工参加整理、整顿非常重要，所有人都要清楚该干什么，在此基础上，将大家都认可的各项工作和应保持的状态汇集成文，形成专门的手册或类似的文件和规定。

手册要明确以下内容：①作业场所地面的清扫程序、方法和清扫后的状态。②确立区域和界线的原则。③设备的清扫、检查程序和完成后的状态。④设备的动力部分、传动部分、润滑、油压、气压等部位的清扫检查程序及完成后的状态。⑤清扫计划、责任者及日常的检查。

2）明确清洁的状态。清洁的状态包含3个要素，即干净、高效、安全。

清洁的状态具体包括以下内容：①地面的清洁。②窗户和墙壁的清洁。③操作台的清洁。④工具和工装的清洁。⑤设备的清洁。⑥货架和放置物资场所的清洁。

3）定期检查。除了日常工作中的自检，还要组织定期检查。一是检查现场的清洁状态，二是检查现场的图表和指示牌设置是否有利于高效作业、现场物品数量是否适宜。

4）环境色彩明亮化。厂房、车间、设备、工作服都应采用明亮的色彩，一旦产生污渍容易被发现。明亮的工作环境会给人的工作情绪以良好的影响。

（7）自律的含义、目的和实施要点

1）自律的含义。"5S"中的自律活动是指培养人达到整洁有序、自觉执行企业的规定、规则，养成良好的习惯。通过自律提高每一个人的"行为美"水平，可为搞好"5S"活动提供保证。

2）自律的目的。开展自律活动，主要目的在于培养职工自觉并正确执行企业各项规定的良好习惯，自愿实施整理、整顿、清扫、清洁这"4S"活动，高标准、严要求维护现场环境的整洁和美观。自律是保证前4个"S"得以持续、自觉、有序开展下去的重要保障。

3）自律的实施要点。要做到自律，必须做好以下几方面工作：①经常积极参与整理、整顿、清扫活动。②认真贯彻整理、整顿、清扫、清洁状态的标准。③养成遵守作业指导书、手册和规则的习惯。

自律所包含的内容有很多，但最基本的是养成良好习惯，做到按规章办事和自我规范，进而延伸到仪表美、行为美等。近来，有专家提出培养自律时不妨灵活运用一些工具，如标语、醒目的标识、值班图表、进度管理表、照片、录像、新闻、手册等。

（8）现场开展"5S"活动的方法

从日本众多企业的现场管理经验来看，“5S”是企业成功的重要活动之一。在中国的一些日资企业在生产现场广泛运用“5S”，其经济效益、产品质量、成本管理都已接近日本本土企业的水平。我国许多企业目前也广泛开展了“5S”活动，并且取得了明显的成效。此外，“5S”活动并不局限于生产企业，其他各行各业都可以在生产和工作现场大力推广“5S”管理，以保证工作质量，提高工作效率，美化工作环境。

现场开展“5S”活动，可从以下几个方面入手：

1）“5S”活动要持之以恒。“5S”活动要坚持不懈地进行，才会取得预期的效果。如果只是阶段性地开展“5S”活动，就难以找到“5S”活动的感觉。这样不仅没有活动效果，反而有副作用，使大家认为“5S”活动没有什么用。任何管理方法都不是灵丹妙药，需要长期的努力和探索，才能取得预期的效果。因此，“5S”工作要有长期坚持的思想准备。在企业以及班组里要养成这种风气，而个人良好习惯的养成和整个企业以及班组的风气又是相辅相成的。良好的风气能够促进个人养成良好习惯，个人的良好习惯又有利于企业良好风气的营造。

2）“5S”活动要经常教育。人的良好习惯需要培养，开展“5S”也要有条不紊、有秩序地进行。“5S”工作的推进就意味着要不断地发展。要教育员工不断地思考如何改进“5S”工作，脚踏实地把“5S”活动推向前进，同时要鼓励员工不断地提出合理化建议，并对这种合理化建议给予奖励，以不断地鼓励和推动“5S”工作的进行。

3）遵守规定和规则。遵守规定虽然道理很浅显，但未必人人都能做到，因为一些员工缺乏遵守规定的自觉性。要教育员工，凡是组织的规定就应该遵照执行，这不仅仅是“5S”的要求，也是大工业生产的基本前提。

(9)“5S”活动的评价

定期对“5S”活动进行评价，是确保“5S”活动持之以恒的有效措施。对“5S”活动进行评价，可以采取评价表的方式进行，这样既可进行自我评价，也便于相互横向比较。

83. 班组文明生产“三要素”工作法

小松（常州）铸造有限公司是一家日本在华生产企业。该公司认为，搞好文明生产，不仅能维持正常生产，延长设备的使用寿命，有效利用能源、资源，塑造企业形象，开拓产品市场，营造清洁、舒适的工作环境，更是防止工伤事故和确保安全的重要措施。在文明生产中，企业需要抓好“安置”“整齐”“清洁”三要素，并综合运用好各种相关方法。该公司管理部的金仲信，具体介绍了“安置”“整齐”“清洁”三要素的实施方法。

(1) 文明生产的“三要素”及方法

“定置”“整齐”“清洁”是文明生产三要素。它们之间的相互关系，实际上就是把不需要的物品搬走，把要用的物品定位、放好，并把要用的物品及工作场所打扫干净，以便于使用。

1) 定置。定置是把物品、材料等放在规定的地方，并指定管理负责人，以便保管和使用，用后要物归原处。定置包括区分、撤走、整理、定位、标识5种方法，其名称解释及作用见表5—1。

2) 整齐。整齐是用畅通、靠边、上架、装入4种方法来保持车间通道畅通、充分利用场地和空间，用围上、挡住、放正、对直、叠齐、置平6种方法使车间物品摆放整齐、保持美观和确保职业安全卫生。整齐的方法、名称解释及其作用见表5—2。

表 5—1　　　　定置的方法、名称解释及其作用

方法	名称解释及其作用
区分	区分车间内需要与不需要的物品，掌握所需物品的使用数量及使用周期。区分是定置的基础工作
撤走	撤去车间内不需要的物品，进行废弃、转移、回用等处理。车间内仅留下需用的物品。失效文件、无用资料也要撤走。撤走可有效利用场地，相对扩大了使用面积，减少了库存，避免资源浪费
整理	把所需的物品合理分类，妥当摆放，做到既能恰当利用场所、便于现场操作，也显得整洁、美观，确保职业安全卫生
定位	把所需的物品定位摆放。对摆放不能完全固定的物品也要为其设定摆放的区域。通常，用绘制定置图的方式来确定物品的摆放位置。定置的目的是便于使用，也有利于整洁
标识	在设备、工件、模具、工位器具、材料等的摆放位置，贴上定置标识牌并标注负责人。对车间通道、物品定置区域分别划上白线和黄线框；明确物品的摆放位置和责任者，便于使用及用后物归原处，实现条理化作业。在工具箱内或材料架上，也可用贴上标签的方法对工具和材料定置。为了避免标识过多及制作上的麻烦，可用绘制定置图的方法来简化标识

表 5—2　　　　整齐的方法、名称解释及其作用

方法	名称解释及其作用
畅通	保持车间通道及设备之间畅通，这样不仅能加快物流、整洁车间，也利于安全
靠边	将物品尽可能靠墙、靠窗、靠柱、靠角、靠暂时不使用的设备放置，以充分利用工作场地的使用面积，避免零乱
上架	将模具、零件、工件、量具、卡尺等放在专用的架子上，或是多层的搁板、小车上，这样可扩大使用面积，增大库容量
装入	将零件、材料、废料、垃圾等装入箱内或盒中。工件也尽可能不直接着地，放在托板上，零星工具等分类装入工具箱。化学危险品、油漆等放入专用箱内，并盖好。这样可避免散乱，便于清扫，利于装运，可保证环境卫生
围上	扫帚等摆放不易整齐而容易显得零乱的工具或物品，用夹板等将它们围起来，以利于场地的整洁

续表

方法	名称解释及其作用
挡住	对摆放不易整齐的材料及不易打扫干净的旧设备等部位，可用挡板等将其挡住。在挡板上也可以刷上标语，使其富有生气。这样有利于场地的整洁美观
放正	将工件、模具、平板、操作台、小车、架子、铁框等的相对位置平行或垂直于车间摆放，以利于车间的整洁
对直	将多于一个的工件、模具、托板、操作台、小车、架子、铁框等对直放置，即摆放成一条直线，以利于车间的整洁
叠齐	工件、模架、平板等上下对齐摆放。视觉感良好，物品摆放稳固，确保安全
置平	工件、模板、平板、料桶等尽量呈水平状态放置，防止坠落及物料流淌，既利于视角感的平衡和美观，也利于安全

3）清洁。清洁有盛积、盖罩、清扫、清洗、擦拭、装饰、美化、环保、技术改造、标准 10 种方法。它们的名称解释及其作用见表 5—3。

表 5—3　清洁的方法、名称解释及其作用

方法	名称解释及其作用
盛积	对于易泄漏的化学品，如机油、防锈油等，用浅的托盘盛积起来，避免污染地面，便于清除
盖罩	将仪器、设备用塑料袋罩起来，将揭示板的正面用透明薄膜覆盖起来，以免灰尘侵入。危险化学品的容器也要在开启、用后随即把盖子盖好
清扫	及时扫除地面上的积尘，清除废纸、木屑、油脂等杂物，保持车间清洁，改善工作环境，以利于职工的健康和安全
清洗	对有些物品可用洗涤的方法，使其清洁。员工的工作服要经常清洗，穿着整齐，始终保持良好的精神面貌
擦拭	擦去设备、饮水器等的灰尘、污迹，以保养设备、清洁环境和确保卫生
装饰	对使用已久的设备、护栏、工具箱等，用刷油漆的方法进行装饰；对泛黄、脏污的墙壁用涂料粉刷，以起到旧貌换新、清洁卫生的效果

续表

方法	名称解释及其作用
美化	揭示板（黑板报）上的标题、定置标识牌采用美术字，并用颜色、图案、插图的方法加以美化，使其鲜艳醒目
环保	对油脂、油漆等化学品和废油、电池等危险废弃物，要规定摆放场所，对其实行控制和有效管理。废纸、包装袋、废纸箱、木材等物要尽可能回收，以减少固体废弃物的产生量及其对环境的影响，最大限度地节省资源、能源
技术改造	对车间设备、用具可用技术改造的方法，杜绝脏源、防止泄漏、减少废物，从根本上改善作业环境。例如，配备除尘装置，用扫地机清扫地面，剩余材料用料斗储存，操作工位配备工位器具等
标准	将各种要求和规定标准化，例如，规定清扫的手段、扫除的周期、检查的方法等。通过标准化，进一步明确职责，提高文明生产的水平。定置和整齐同样要标准化

（2）物品摆放和确保安全的方法

班组文明生产“三要素”中应强调定置和整齐这两个要素。抓好这两个要素的关键，在于讲究物品的摆放方法，这也是确保安全的重要手段。在学习日本工厂管理方法的基础上，企业总结出常用物品摆放 10 法和物品摆放安全 10 法，供大家参考。

1）常用物品摆放 10 法具体内容如下：①形状规整之物叠齐摆放。②叠高不超出底宽的 3 倍。③轻小物放在重大物之上。④量多的小物要装入箱内。⑤即用品宜放上而不放下。⑥长形物以横着堆放为好。⑦易滚物用楔块塞住放稳。⑧不稳物横放，竖放要捆。⑨易碎品放在撞击不到处。⑩物品品名、数量一目了然。

注：物品堆放高度以安全为原则。

2）物品摆放安全 10 法具体内容如下：

①摆放不稳而易于倒下的长形件，不要竖着靠在壁、柱及机械上。否则，要用铁丝等捆住，保证其不会倒下。②工件、托板、铁箱

等要整齐地叠放，防止倾倒伤人。③在架子上放置物品，重物、大物在下，轻物、小物在上。放在架子高处的物品，应设法放稳固。④在高处不要乱放东西。高处作业完毕后，工具和材料务必拿下来。⑤作业场地上的废铁、木屑、油布、纸箱等应尽快拿走，并按规定分类放在指定的场所或容器内。⑥机械的周边，配电柜、灭火器、消防栓等的周围、出入口、楼梯上、紧急出口处不要放置物品。⑦在运输和摆放材料、制品、废料等时，不占据通道，不压在通道白线上或定置的黄线上。临时占用或占线后，应尽快拿走。⑧经常打扫通道和作业场地，特别是油脂、铁屑、钢丸应立刻清除，以防止滑倒或扎伤脚。⑨冬天寒冷易结冰时，不要在通道上洒水。⑩乙醇、涂料、油漆、稀释剂、香蕉水等化学危险品一定要防止泄漏和妥善存放、避免火源，并放在指定场所。危险废弃物也要放在规定地点，并加强管理。

84. 生产班组“三点”控制方法

“三点”是指危险点、危害点、事故高发点，这“三点”是班组安全生产的要点、主控点和注意点。有效地控制了“三点”，班组安全生产就有了把握。因此，控制“三点”，是班组安全生产作业的一个具体办法。

(1) 危险点的控制

危险点是指相对于其他作业点和岗位更危险的岗位。危险点固有的危险性使它成为安全控制的重点。危险点发生事故的概率很大，但并不表明它时时处处要发生事故，只要安全措施到位、防范办法周密，是可以把危险点变成不危险点的，这就要求班组在如何控制危险点上下功夫。在此提出11项控制危险点的办法，供参考。

1) 编制危险点应急救援预案。

2）所有危险点的作业人员必须安全培训教育合格，取证后方能上岗。

3）对危险点的巡检，班组长至少每天两次。

4）对危险点必须设立监控、监测设备，有条件的实行计算机管理。

5）危险点必须配备消防用水和数量足够的消防灭火器材。

6）危险点现场必须有明显的安全标识和安全须知牌。

7）危险点现场必须保持畅通的安全通道。

8）危险点的设备设施要设有良好的防雷接地装置和防洪、排水设施。

9）危险点现场必须使用防爆电器。

10）危险点现场要经常保持整洁、清洁、文明。

11）必须每年向车间或者企业报告危险点运行情况。

（2）危害点的控制

危害点和危险点一样，是相对于其他作业点更具危害性的作业点。危害点具有危害性，如化工企业有毒有害气体岗位就是危害点，毫无疑问它是班组安全生产的控制点。要控制危害点的危害性，除了在设计时考虑安全性以外，还必须使班组的每个成员了解危害物质的性质、预防的办法、紧急情况下的应急措施等。在此提出10项控制危害点的办法：

1）编制危害点应急救援预案。

2）所有危害点的生产作业人员必须经过有针对性的安全教育，取证后方能上岗。

3）对危害点的巡检，班组长至少每班两次，生产作业人员每小时一次。

4）危害点配足过滤式防毒面具，每个点至少配两具氧气呼吸器。

5）危害点现场必须配有压力表、温度计、液位计等就地监测设施。

6）危害点严禁储罐超储、库房超存、工艺过程超压。

7）危害点的生产作业人员配备一定数量的便携式可燃气体、有毒有害气体监测仪。

8）危害点现场保持通道通畅。

9）危害点现场必须使用防爆电器。

10）危害点现场保持整洁、清洁、文明。

（3）事故高发点的控制

顾名思义，事故高发点就是指这个点曾经发生过事故或多次发生过事故，是班组安全生产的控制点。“前事不忘，后事之师”，对于事故高发点，除了采取切实可行的措施外，主要是吸取事故教训、杜绝重复性事故的发生。

1）要在事故高发点现场挂上警示牌，说明这个点曾经多次发生过事故，警示大家要引以为戒。

2）重新审定操作规程，针对已发事故的分析结果改进操作方式。

3）加强对事故高发点的监控，增加安全检查频率。

4）对事故高发点加强设施和装备的配备，如增加安全设施、改进工作环境等。

5）把事故高发点作为现场安全教育基地。

6）对事故高发点建立健全三个系统：一是组织保障系统，二是人员职责系统，三是管理功能系统。

85. 生产班组危险预知分析活动

企业员工安全素质的核心是指职工在劳动过程中，对危险的识别、控制和预防的能力，也是衡量职工安全技能高低的标准之一。这种能力受心理、生理、文化、环境等多种因素的影响，要在短时间内得到集体提高难度较大。但由于企业职工的工作性质、工作范围、工作对象具有一定的局限性和稳定性，针对这一特点，使用危险预知分析可以有效地解决这一问题。

危险预知分析是以操作者为中心，对其能接触到的所有危险进行全面的分析评价，制定针对性的防范措施，使每位职工在作业前熟悉和掌握本岗位的危险分布、危险特征及防范措施，以达到对危险识别、控制和预防的目的。

(1) 危险的辨识

危险的辨识是危险预知分析的基础，要撇开隐患查找的习惯意识，把所有危险查找出来，尽量做到详细和完善。一般来讲，危险来自操作环境和操作对象两个方面，针对这两个方面，结合岗位作业特点，危险的辨识可分为上下岗的途径、操作前的准备、操作的过程、操作后的清理 4 个方面。

1) 上下岗的途径。员工由班组作业前的集合点到操作岗位，或多或少都有一定的距离，除个别情况外，员工大部分步行前往。在这个区间应有一条相对安全的“指定”路线，分析时应以环境影响为主，如高上低下、横过铁路、穿越作业区等。每个路段都有其特殊的危险性。高上低下，以保证自身的稳定性为中心，如应全面分析栏杆的强度、走梯的坡度、地板的防滑性等性能。穿越作业区应以突发事件为中心，如对于路径两侧裸露的旋转设备、带电设备线路、起重作业区间、交叉作业区间、有毒物质散放区间等，要仔细分析评价。下岗时还要考虑作业后自身的变化，如极度疲劳、头昏眼花、身体淋湿等。

2）作业前的准备。作业前的准备可分为劳动防护用品着装准备、操作对象检查、工具材料准备 3 个方面。

对于劳动防护用品穿戴，主要分析所处环境及站立位置、身体伸展时的空间障碍，如旋转的扇叶、不稳定的椅子等。劳动防护用品穿戴时的危险性较小，但穿戴不合格会影响其他几个方面的安全，因此要进行延伸分析，也就是根据劳动防护用品的作用和性能进行推论。

操作对象的检查针对性较强，大致分为是否带电检查和是否运转检查两种情况，一般应尽量做到无电静态检查。检查可分为设备性能检查和防护装置设施检查。设备性能检查可根据机械特性进行分析。防护装置设施的危险性，与安装位置、形式和防护对象、范围有直接关系，要根据具体情况区别对待。同时，还要分析防护装置设施防护性能的状态对后续工作的影响，对不能在静态下确认的部位，分析其在失效状态下对运转和操作过程的影响。工作前，对操作对象整体性能的试验是一种特殊的操作，工作性能试验及对部位的性能确认，都需要在检查确认的基础上进行。这一阶段的危险分析，要将所有的“安全装置”，假设在分别失效、整体失效、相互相关联的群体失效的三种情况下，以保持最简陋的设备运转为基础，分析对人身安全的影响。设备不能运转，操作不能进行，也就失去了分析意义。

工具材料的准备较为复杂，一般工具的准备与劳动防护用品着装准备相类似，如钳子、手锤、绝缘工具等。一些特殊用具的准备，本身就带有危险性，如登高用的梯子、带有刃口及毛刺的工具等。材料的准备分为人力搬运和使用设备工具搬运两方面。要根据搬运对象的理化性质、外形、质量、搬运要求等因素进行分析，搬运过程常伴有扭、跌、压、碾、砸、电、挤等危险因素。也可以按一般操作进行分析。

3）操作的过程。操作过程的危险因素虽然较多，但由于一般员工受作业范围的限制，操作对象、模式和性质变化不大，因此针对性也比较强。分析时以物质因素为重点，从以下3个方面进行：

①根据操作方式、操作程序和操作过程的设备物料变化，将操作过程分成若干个阶段。

②从安全操作规程和有关规定入手，根据规程效用，用不遵守规程的逆向思维方法，来分析判断危险因素的存在方式和条件。

③结合工作经验和事故案例，对危险因素的辨识进行补充。

4）作业后的清理。在这个阶段，作业后的清理因工作性质不同而变化较大。一般的正常作业岗位，仅限于收拾工具、打扫卫生，分析时要侧重设备的运行状态和物料的危险性质。检修工作现场清理较复杂，特别是大中型检修，危险因素很多，相当于一次作业。要根据实际情况，按操作过程分阶段进行分析；也可将现场分成若干个区域，根据区域危险特征进行分析。例如，第一阶段拆除检修设备电源，第二阶段拆除脚手架，第三阶段清除废料等。又如，A区为防触电重点区，B区为防火防爆重点区，C区为防碰砸重点区。

（2）危险性质分析

危险性质是指危险产生和存在条件的特性。在管理中，常把危险分为隐患、危险源点、技术缺陷3类。

1）隐患。工具、材料、设备、环境等物质方面不应有的、对人身安全存在威胁的缺陷称为隐患。岗位隐患是不允许产生，但根据实际情况可允许暂时存在的物质缺陷，如轮套轴罩的缺损、安全防护装置损坏后不能及时修复等。

2）危险源点。危险源点是指危险发生概率较高或发生后损失较大的物质缺陷，是允许长期存在但必须严格控制的一种物质缺陷。国家有关部门制定了危险源点等级及划分方法和一些具体要求，应严格执行。

3）技术缺陷。在生产过程中，威胁人身安全的物质缺陷很多，其中部分危险因素因技术水平无法消除，而存在于生产运行中。这部分危险因素危险“值”较高的称为危险源点，其余的统称为技术缺陷，如暴露的刃口、裸露的带电线路等。为防止技术缺陷对人身造成伤害，相关规程对岗位操作人员的行为进行了控制，就是有关规程的主要来源。技术缺陷要靠社会的发展、技术的进步来解决，是目前无法消除，需用规章制度监控的物质缺陷。

（3）伤害性质分析

在进行危险因素分析时，要考虑危险转化成事故后的影响。为此，可根据分析结果将伤害性质分为如下 4 类：

1）伤已：事故发生后，只伤害自己不伤害他人。

2）伤人：事故发生后，只伤害他人不伤害自己。

3）共伤：事故发生后，既伤害自己又伤害他人。

4）群伤：事故发生后，伤亡人员在 3 人及 3 人以上。

（4）伤害条件分析

物的不安全状态和人的不安全行为相互作用形成事故，是我国现行的事故理论，也就是说，人的行为和物的状态相互独立。危险转化成伤害事故必须受人的行为的诱发。分析伤害条件就必须以物质缺陷为基础，以人的行为为导向，研究事故发生的爆发点。针对某种危险，要根据其特点研究事故形成的触发方式和触发条件。触发方式指人的行为，触发条件指物的状态。分析伤害条件不仅要分析正常情况，还要分析各种非正常情况。

非正常情况主要是违反作业规程和规章制度，颠倒或缩减作业程序等行为与危险因素作用的后果，如工作前不正确穿戴劳动防护用品、工作中检查确认不仔细、为抄近路穿越皮带或跨越栏杆等。

（5）防范措施的制定

制定防范措施，首先根据危险的性质进行分类，按危险的重要度排列，按顺序逐个分析。

隐患需要及时整改，因此，发现隐患要制定临时防范措施并报上级部门，使该措施得到进一步的确认。重点是要时常注意隐患状态的变化，随时调整监控手段。

危险源是企业防范的重点，按国家有关规定进行分级管理，因此，可对原有的防范措施进行补充和完善。在危险预知分析中，可以不将其作为危险预知分析的重点。

技术缺陷在管理中受重视程度较低，要重点进行分析和监控。制定防范措施要从预防、控制、减灾三个阶段全方位进行分析，找出科学的控制方法。例如，如果某旋转部位裸露，就有可能造成绞伤事故。用加装防护罩的方法避免人与旋转部位接触是预防；正确穿戴劳动防护用品，即便短暂接触也能避免绞伤是控制；当自身某个部位被绞住，哪种方法自救最有效，伤害程度最轻，要认真筛选是减灾。

（6）危险预知分析的组织领导

开展危险预知分析，应以班组为单位，因为班组成员之间的工作性质、工作环境相类似，开展起来可以互相补充，不仅能够有效地避免缺失遗漏，还能起到事半功倍的效果。但是需要注意的是，班组成员受技术理论水平的限制，进行危险预知分析活动的质量很难保证，不同班组由于重视程度、危险程度等有关因素的不同，也会出现很大的差距。因此，企业有关职能部门，如安全、技术、生产、机动等部门，应建立危险预知分析领导小组，进行具体指导。这样做，不仅能避免部分班组危险预知分析工作流于形式，又能使有关职能部门全面了解本企业或本车间的安全动态，为安全管理决策提供可靠的依据。

86. 作业人员安全操作确认制

作业人员安全操作确认制是企业以及班组安全管理的一项重要内容，是在班组作业前或者作业人员操作前，对设备设施及现场环境的安全可靠程度进行确认的制度。在生产实践中，大量的事实足以证明，安全操作确认制确实能够避免许多事故的发生。

（1）安全操作确认制的内容

在班组安全生产中，确认制主要包括以下内容：

1）对人的确认：分析掌握操作者的思想情绪、精神状态、身体素质、技术素质等，根据多种因素突出不安全人、不安全户，采取联防联保、互帮互保等监护措施，保证不发生人为的事故。

2）对工具设备的确认：操作者在作业前对所使用的工具设备的重要危险部位、易损部位和安全装置进行认真的检查，发现隐患超前采取措施解决，避免发生设备、人身事故。

3）对环境场所的确认：熟悉工作环境，检查工作场所是否有不安全因素，防患于未然。

（2）安全操作确认制的作用

安全操作确认制建立在安全操作规程的基础上，实际上是对安全操作规程的深化。安全操作确认制的作用主要体现在以下几个方面：

1）先“确”后“做”。员工作业前对自己操作的设备、周围环境等进行确认，经过确认符合安全条件方可作业。先“确”后“做”，从而防止因疏忽、麻痹大意等造成事故。

2）确认制使规程具体化，但又不代替规程。安全操作规程随工种、工艺不同而异，有简有繁，而安全操作确认制不论工艺的简繁均以简练的文字有重点、不漏项地将安全操作规程具体化，便于操作人员作业，是落实安全操作规程的有力手段。

3）确认制的贯彻促使职工按程序遵章作业，为推行标准化打下良好的基础，有利于培养职工自觉遵守作业要求的良好习惯。

（3）安全操作确认制的制定程序

安全操作确认制已被实践证明是班组安全生产的有效形式。安全操作确认制的制定过程主要包括以下 4 个程序：

1）要使作业者明确其岗位的生产工艺与上、下道工序之间的相互联系，根据工艺、技术、安全的要求，懂得应该做什么、怎么做、做到什么程度。

2）根据生产工艺、安全作业的要求编排出操作顺序，然后制定操作规程和完整的操作规程规范。

3）确认制制定之后，在班组试行，听取有经验的操作人员的意见；也可以自下而上由班组制定，上下结合，反复修订，使之完善。

4）确认制的贯彻要取得职工的理解。要通过安全宣传教育，使职工从思想上明确确认制的意义和作用，理解安全确认制与安全操作规程相互之间的关系，达到在理解的基础上自觉地贯彻执行确认制。

（4）安全操作确认制的实施效果

抚顺钢厂在生产过程中，积极推行安全操作确认制，加强生产班组和作业人员对现场环境的确认和控制，其基本要求就是要做到物放有序、定置定位，保证操作环境整洁，预防摔伤、坠落事故的发生。例如 1991 年 9 月 4 日，轧钢分厂前部精整白班班长黄心歧，班前确认检查发现顶钢机机头附近漏电，即指令工人立即停止使用，待找来电工接好线头才让使用。锻钢分厂钳工一班在对设备系统确认控制检查时，发现锻锤在换锤头和拉杆时存在缺陷，直接危及锤部工人的安全，确认这种方法是冒险作业。于是，他们用三天时间研究改进了操作方法，受到锤部工人的称赞。

目前，许多企业班组在执行安全确认制上已经有了一定的经验，如开车的安全确认、检修前的安全确认、施工前的安全确认等，这些都有利于保障安全生产。

●相关链接：冶金企业通用安全确认制

安全操作确认制是以参与生产活动的人为基础，对工具设备、环境（场所）等各因素进行事先的认真检查，周密分析，从而确定作业任务的安全性、可靠性，避免事故的发生。在冶金企业，安全操作确认制得到普遍的推广和应用，这与冶金企业的生产特点有关。冶金企业生产大多为集体劳动、共同操作，需要操作人员之间的相互提醒、相互监督，并且在共同操作中需要对各自的工作进度进行确认，相互协调，避免由于配合失误造成事故。操作中确认不够导致事故的事例很多，因此需要采取安全操作确认制的方式，保证生产作业安全。

武汉钢铁公司在安全操作确认制的实施上，根据本企业生产特点，专门制定了《通用安全确认制》，以加强安全管理，确保安全生产。《通用安全确认制》的主要内容如下：

1）操作确认制的内容。

一看：看本机组（设备）各部位及周围环境是否符合开车条件。

二问：问各工种联系点是否准备就绪。

三点动：手指，眼睛看操作开关，口念操作含义，确认无误，发出开车信号，点动一下。

四操作：确认点动正确后按规程操作。

2）检修确认制的内容。

一查：查施工现场和施工全过程的不安全因素。

二订：订施工方案和安全措施方案。

三标：设立警示标识。

四切断：切断能源动力和工艺介质。

五执行：按检修安全规定进行检修。

3）停送电确认制的内容。

一问：问清停送电的对象、时间、要求，并记录。

二核：核实停送电是否具备条件，看准停送电开关或按钮。

三执行：执行停送电操作规程。

四验：停送电后要严格验电，挂接地线，切断开关要挂牌。

4）行走确认制的内容。

一认：厂内行走认准安全通道。

二看：看准地上障碍物和道路状况，瞭望吊车运行情况。

五不准：不准跨越皮带、辊道和机电设备，不准钻越道口、栏杆和铁路车辆，不准在铁路上行走和停留（横过铁路必须“一站二看三通过”），不准在起吊重物下行走和停留，不准带小孩或闲杂人员到现场。

5）自身防护确认制的内容。

一省：省查自我身心状况。

二查：查劳动防护用品穿戴，查工具状况。

三明确：明确现场和生产过程中致害因素和防止方法。

四观察：工作时，上下左右勤观察。

五默念：默念操作规程。

六认真：集中精力，认真操作。

 87. 班组视牌管理方法

班组生产视牌管理法，是一种简单有效的作业班组安全管理方法。其方法就是利用一种特制的牌作为一种手续或标志，以此传递信息，明确责任，示意安全，实现对人的不安全行为的控制。视牌管理法所涉及的“牌”有交接班牌、放炮牌、停工牌、开工牌、上岗牌、安全警戒牌等。南屯煤矿在生产过程中运用这种方法，增加了煤矿安全隐患的透明度，明确了每个人的责任范围，强化了职工的安全责任心，从而使煤矿安全工作的秩序性增强，减少了工作中的随意性和不负责任的态度，适应了煤矿安全工作的要求。

（1）实施视牌管理法的作用

视牌管理法具体应用在煤矿安全中，主要有以下几个方面的作用：

1）明确责任，承上启下。针对煤矿井下生产的连续性，同一岗位、环节需要多人交替工作，再加上井下工作场所的移动，安全条件处于变化中，这就必然产生交接班人员之间安全责任的划分和安全情况的交接问题，由此而产生了交接班牌。

2）责权结合，环环控制。井下工作处于分散状态，安全控制也必须面面俱到。在煤炭生产中，职工劳动强度较高，一些职工在工作中易出现忽视安全、重视生产的现象。为防止这种现象的发生，便产生了放炮牌、停工牌、开工牌。

3）到岗到位，增加上岗透明度。井下工作的岗位分散而隐蔽，造成上级对下级控制不易直接到位，使用上岗牌，基本上解决了这一问题。

4）警戒安全，加强监测。对煤矿井下的危险区域，采用挂牌和封闭的措施，防止不了解情况的人员误入不安全地点。对各种不安全

因素采用安全警戒牌，使在岗的人员对井下各个区域的安全情况一目了然。

（2）视牌管理法的具体应用

1）交接班牌。它是相同岗位人员交接班使用的牌，统一放在各单位的值班室内，各基层区队的交接班牌由当天值班的区队领导负责核对。上班人员带牌下井，把牌子交给同岗位的下岗人员，证明交接班完毕，牌子由同岗位上井人员带回放到原处。交接牌之前，下岗人员向上岗人员交代工作完成情况、安全变化情况和应注意的问题，上岗人员对以上情况按标准核对后，如无异议，可将牌交下岗人员带回。否则，出现问题两人协商解决，或者由跟班人员进行裁决。工作落实后，上岗人员才可以交牌。上岗人员交牌前如不检查，以后发现其他问题，责任全部自负。对于交班人员，交接班牌必须带回，不带回牌子按其没有完成规定的工作任务论处。

2）停工牌、开工牌、放炮牌。这三种牌是说明工作场所情况的牌，由安监处统一掌握使用，又称老虎牌。

①停工牌是一种显示有重大危险、停止作业的牌子。凡是安监员认为有重大危险的工作场所，在明显的地方挂上停工牌，限期组织整改，待危险排除后，由安监员负责摘掉停工牌，方可开工作业。停工牌作为一种标志，只有安监员有权挂上或摘除，从而强化了安监工作的权威。生产人员在见到停工牌后，也就不会再冒失地进入工作场所。

②开工牌是一种写有现场生产组织者姓名的牌子，挂牌后证明该工作场所处于安全状态，各岗位人员可以开始工作。现场的安全由牌上署名者直接负责，其有权处理、指挥现场的各项工作。开工牌只由署名者自己使用。该牌的使用，保证了各班组有秩序地开展工作。

③放炮牌是放炮员的放炮许可证，采用当班班长、安监员、放炮

员连环控制方法。班长检查完放炮现场的准备工作，认为符合安全规程的要求，把放炮箱钥匙交给放炮员，同时，安监员对放炮现场准备工作再检查一遍，认可后，把放炮牌交给放炮员，放炮员认可后，用钥匙启动放炮器放炮。平时只有班长 1 人有放炮箱钥匙，安监员 1 人有放炮牌，3 人共同认可后才能放炮，有效地防止了事故的发生。

3）上岗牌。它是反映区队干部上岗跟班情况的牌子。各基层区队跟班人员下井前到调度室翻牌，作为自己下井并负责本单位当班安全的标记。上井后再把牌翻过来，表示当班工作的结束。使用上岗牌，可以消除区队空班漏岗和晚下井早上井的现象，保证了现场安全管理责任者上岗到位。上岗牌在煤矿中还可以应用到安监员上岗翻牌、群监员上岗翻牌等其他工种。

4）安全警戒牌。它是显示区域危险程度的牌子。对于确认的危险区域，如顶板不好、有毒气体超限、老空区、易发生机电或运输事故的区域，都由职能科室与安监处共同挂危险牌，提醒有关人员注意安全，防止不知情人员误入而发生事故。同时，企业设专人定期检查危险区域的变化情况，做到对各区域安全情况了如指掌。另外，各工作地点的气体监测实行有害气体警戒挂牌制度。人工监测定时把仪器不易测到的工作地点的有害气体危险程度、浓度填写在牌子上，同时，使用仪器连续监控，数据直接显示出来。作业人员通过观看数据的变化来了解工作地点的安全情况，工作起来也就不提心吊胆了。安全警戒牌的使用，使工作地点的安全透明度大大增加，防止了非人为的安全事故。

（3）用好视牌管理法

视牌管理法是一种简单有效的安全管理方法，根据南屯煤矿的经验，应用中应注意以下几点：

1）认识其意义和作用。视牌管理法的应用，使许多安全中的问题变得简单明了，透明度增加，易于控制。特别是在强化和划分安全责任方面，使员工更加易于接受，也减少了安全的漏洞。

2）强化基础工作。做好这项工作，需要落实专兼职管理人员、执行人员、考核人员等每一个岗位的安全工作责任制，完善各种牌板的使用制度，保证在出现差错时能够找出责任者。要加强对各种牌使用的考核，把此项工作列为各单位日常工作的具体内容。

3）坚持与经济利益挂钩。对于不用牌交接班的，实行罚款制度。南屯煤矿综采一队规定：一次不带牌，下井罚款3~5元。对于不翻牌下井人员，不计考勤。特别是放炮不按程序进行的、无视停工牌开工的，不论出事故与否都按严重“三违”论处，对直接责任者罚款30~50元。视牌管理法与个人经济利益挂钩，使与安全牌有关的员工不仅愿意履行职责，而且敢于使用自己的权力，保证了安全工作的可靠性。

88. 施工企业班组班前讲话活动

班前讲话是一种安全活动，又是一种安全教育形式，最早是由日本建筑施工企业发明的，日本称之为班前训话，即每日上班前以作业班组为单位，由班组长将当日的工作内容、完成标准，特别是安全注意事项逐一向员工讲述。另一个重要内容就是相互检查劳动防护用品的正确穿戴使用，然后开始工作，每日坚持，从不间断。北京市五建公司人员在去日本参观考察时，觉得班前训话活动很好，回来后开始推广，只是觉得“训话”二字有不平等之嫌，故改为班前讲话。

（1）班前讲话活动的优势

与传统的安全教育方式相比较，班前讲话活动具有以下几个优势：

1）针对性强。由于班前讲话是每天进行，讲话人可以依据当日天气、人员组合、机械设备、周围环境等特点有针对性地进行讲话。

2）真正做到了安全教育常抓不懈。显而易见，班前讲话较之其他教育形式都要长久，不折不扣地做到了安全生产天天讲。

3）改变了传统的你讲我听的授课方式。班前讲话简明扼要，是职工自我管理的一种方式。久而久之，班前讲话不仅提高了职工们的安全意识和安全自保能力，还增强了职工之间的亲和力、凝聚力，培养了职工的团队精神。

北京市五建公司多年来在工地一直推行班前讲话制度。班前讲话没有固定的形式、场地和时间，讲话的内容也不固定，但是每天班前必讲。讲话必须以当天的生产项目和作业环境条件为根据，做到针对性强，职责明确，自觉认真，遵章守纪。班前讲话在详细技术交底的基础上强化安全施工，使员工注意存在的安全事故隐患。北京市五建公司的劳务公司在西环、沁春园、温特莱等工地的施工过程中一直坚持班前讲话，并且要求讲话要指定专人负责记录和保管，每两个月与考勤表同时交作业队存查，并换新本。凡不认真执行讲话制度或丢失、损坏记录本的班组，将对班组长进行经济处罚。通过严格的班前讲话制度，劳务公司所在的施工工地施工秩序井然，无违章操作和不安全行为，数年来从未发生过重大安全事故，确保了安全生产，在安全管理方面也取得了良好的效果。

（2）班前讲话活动注意事项

通过多年来的实践，在进行班前讲话活动时应注意以下几个方面：

1）切忌“大拨哄”。班前讲话必须以作业班组为实施单元，并应保证同一工种，当日完成同一项工作。有些单位为了图省事或者图人多势众，喜欢把多班组、多工种集中到一起讲话，针对性不可能很强，起不到应起的作用。

2）必须坚持班组职工自己完成班前讲话，非特殊情况管理人员不要介入，但可以经常召开经验交流会，也可以由安全管理人员对班前讲话记录进行检查指导。

3）讲话必须坚持以安全生产为中心，且贵在坚持。

89.“手指口述”安全提醒操作方法

“支柱工具准备好，操作程序遵循好；支前问顶又看底，顶好底硬开施护；清去浮煤铺好鞋，量准距离切好度……”在山东新波矿业集团良庄煤矿 41101 回采面，支柱工张虎边操作边口里这样念叨着。这是该矿实施的“手指口述”安全正规操作管理办法，通过手指口述提醒工人安全操作。

“手指口述”是在工作中要求现场作业人员以标准有力的动作指向操作对象，大声说出操作设备的名称和注意事项，并进行确认后的一连串动作，对操作程序和安全规程做到边口述边唱、边指边操作。无论是集体作业还是单独作业，“手指口述”的手指、口述执行程序一项不能少，从而达到熟中生巧，巧中练精。“手指口述”是通过动作、语言和视觉等生理功能多方面强化大脑支配正确动作的自觉性，自我提醒、提示，有效防止因精力分散而导致误操作，提高职工安全行为的可靠性，养成员工良好的正规化、标准化操作习惯。自实施“手指口述”操作方法以来，职工的安全保障意识有了明显提高。

“手指口述”安全提醒操作法能够让大脑、口和手齐动，以大脑来指挥口和手，以口说安全规程来强化手操作的标准化，从而使职工在工作时精神集中、时刻警惕，减少误操作。但是需要注意的是，“手指口述”安全提醒操作法有一定的局限性，并不适用于所有的工作岗位，对于那些比较复杂的操作就有可能不适应。因此，班组在借鉴应用这种操作法的时候，务必要注意让职工做到心口合一、心手合一、口手合一。

90. 生产班组“安全值日”活动

上海五钢公司在总结以往安全生产工作经验的基础上，于1999年在全公司班组中开展了“安全值日”活动。班组“安全值日”活动是指在一定的时间内，由组员轮流担任班组安全值日员，行使安全检查、监督的职能，旨在深化班组安全建设，发挥每位职工参与班组安全建设的积极性，增强职工安全意识，规范职工安全操作行为，制止违章作业和一些不良习惯性操作，培育人人遵守安全操作规程、人人抵制违章作业的良好风气，形成班组安全工作职工自主参与、自主管理、相互监督的良好氛围，为企业安全生产工作守好“第一道防线”。

总结近年来班组“安全值日”活动的开展情况，班组“安全值日”活动主要有以下5个特点：

（1）强化了班组自主管理工作

班组“安全值日”活动调动了全班成员参与班组安全工作的积极性，许多担任过班组安全值日员的同志都感到，胸前挂上“安全值日”标牌，不仅是一种荣誉，更是一份责任。今天是班组安全值日员，行使检查、监督组员遵守安全操作规程的权力；明天不担任班组安全值日员，更要自觉遵守安全操作规程，积极配合别人搞好安全工作。班组“安全值日”活动为职工全员参与创造了条件，形成了人人关心班组安全工作、人人参与班组安全工作的良好氛围，从而也强化了班组自主管理工作。

（2）增强了职工遵章守纪的意识

班组“安全值日”活动进一步改善了职工安全生产观念，职工自觉参与班组安全生产的积极性得到了明显提高，为班组安全工作的有效开展奠定了基础。例如，转炉厂机修车间外钳组高宝法和同事在一次行车检修过程中共同作业，高宝法为当天的班组安全值日员。同事为抢进度，提出在加强安全监护的前提下，实行电工和钳工同步作业，而安全值日员高宝法坚决反对，认为同步作业必然带电操作，不符合安全操作规程，一旦出事后果不堪设想。为此两人争得面红耳赤，但高宝法坚持按规程操作，并耐心说服同事，从而避免了一起违章作业。

（3）提高了职工安全监督水平

通过开展班组“安全值日”活动，职工的安全监督能力得到了进一步的提高。担任班组安全值日员的员工不仅要掌握本岗位、本工种的安全知识，而且还要了解班组其他岗位和工种的相关安全知识，熟悉了解当天的工作计划。只有这样，才能有效履行安全监督职能。例如，动力厂机修组周忠诚在一次担任班组安全值日员工作中，发现检修人员正在拆除 3 号泵，而周忠诚在上班前已对当天的检修计划安排进行了解，知道应该拆除的是 1 号泵，因此他马上要求暂停拆除 3 号泵，并再次和有关部门进行联系，从而避免了一起检修错误。

（4）提高了职工自我约束的自觉性

担任班组的安全值日员，在对别人进行安全监督的同时，首先要自我约束并规范自身的安全行为，只有这样做，别人才心服口服。班组“安全值日”活动的开展不仅提高了班组全员安全意识，规范了职工安全行为，而且也使少数拖班组安全工作后腿的人，自觉地改变了以往不遵守安全操作规程的行为。

（5）促进了企业安全工作

班组“安全值日”活动的开展，不仅增强了职工的安全意识，规范了职工的安全操作行为，最大限度地制止了违章作业和一些不良习惯性操作的发生，培育了人人遵守安全操作规程，人人抵制违章作业的良好风气，而且也促进了企业的安全生产工作，为企业完成生产经营目标创造了条件。上海五钢公司安全生产工作始终呈现出平稳受控状态，公司先后获得了上海市安全生产先进集体和中华全国总工会“安康杯”竞赛先进集体荣誉称号。

91. 每日安全警言挂牌活动

江苏洪泽港务公司在安全管理工作中，在各基层单位和生产一线的班组中开展每日安全警言挂牌活动，这一活动为全公司实现连续安全生产 28 年无事故提供了保障。

该公司规定，每天上班前各基层领导和生产一线的班组长，根据公司提供的“安全百条警言”，视天气情况、工作岗位、劳动强度、货物种类，选择适当的安全警言，书写在安全警言牌上，悬挂于生产现场。班组长在班前会上指出当班的每个岗位人员应注意的安全事项，对照安全警言做好安全生产，并要求每个当班人员对当天的安全警言要熟记、入耳、入脑、入心，做到工作前要认真地看一遍，下班前要对照安全警言汇报当班的安全生产情况。实行这一制度，不但增强了广大职工自我保护意识，而且确保了安全生产和职工的人身安全。

92. 形象化岗位安全教育方法

东方集装箱公司是一家专业集装箱装卸企业，几年来，该公司结合集装箱装卸作业机械化程度高、技术密集、装卸工艺标准和作业效率快的特点，在应用传统安全教育方法的同时，自己录制了安全操作标准录像片进行形象化安全教育，收到了较好的效果。

首先，他们有关安全操作规程和安全管理制度，结合公司集装箱装卸作业安全管理的具体特点和几年来所发生的事故或险肇事故的原因分析，编写了东方集装箱公司安全操作标准录像片解说词。在编写过程中，公司充分征求了技术部门、业务部门负责人和一线作业人员的意见，并经相关安全主管部门修改、把关，最后由公司总经理审阅定稿。

录像片的解说词定稿后，公司就组织进行现场录像，每一部分录像选择的示范操作人员，都是本工种的岗位明星。他们的操作动作规范，在职工中的威信高，因此用他们的标准操作来教育职工，有很强的现身教育感召力。现场录像的每个画面要求清晰、准确并与解说词相对应。最后成片的 7 盘录像带，图像清晰、配音标准、音乐动听，每盘录像带的播放时间在 15 分钟左右。这 7 盘录像带分别对不同工种的作业人员进行形象化的岗位安全教育，如对装卸桥司机进行安全教育，就播放《装卸桥司机安全操作标准录像片》；对场桥司机进行安全教育，就播放《场桥司机安全操作标准录像片》。在 7 部安全操作标准录像片的基础上，公司又录制了一部综合性的安全操作标准录像片，播放时间为 50 分钟，主要用于对职工进行系统的入厂安全教育、回笼安全教育和全员安全教育等。

公司在安全活动日、生产空余时间、安全教育培训班和“安全生产月”，运用录像片反复对职工进行安全操作标准化教育，教育的范围包括全体安委会委员、班组长级以上的生产骨干、一线作业的全体操作人员、新入厂的工人和有关事故责任人及现场查出的“三违”人员。广泛的形象化的安全教育取得了良好的效果：一是安全操作标准录像片的内容全面、系统，使用起来很方便，省略了传统安全教育的备课、讲课、板书等重复性劳动；二是录像片的图像清晰，画面都是本公司的人员操作本公司的机械，在自己平时的工作环境中演示，所以看起来亲切、真实，可视性强；三是录像的解说标准，并伴有优美动听的音乐，使受教育者能坐得住、听得清、记得牢，在欢快的音乐声中受到有针对性的安全教育，能达到开展安全教育的预期效果；四是有利于分析处理事故和教育“三违”人员。若发生事故和在现场查出“三违”现象，就播放相应的安全操作标准录像片，对照录像画面客观、公正地分析处理事故责任人和“三违”人员，改变了以往分析处理事故和处理“三违”人员的随意性，使事故责任人和“三违”人员在昭示于众的安全操作标准面前知错、认错、改错，心服口服，从而有效地规范了作业人员的安全行为，在安全教育的形式上做到了依之以法、晓之以理、动之以情，在职工中产生了积极的心理效应。

通过经常运用安全操作标准录像片对职工进行系统的安全操作标准化教育，公司营造了浓厚的企业安全文化氛围，提高了大家的安全意识和遵照安全操作标准作业的自觉性，使现场的“三违”现象较以前有了明显的减少，作业过程中的险肇事故得到了有效的控制，公司保持了较为稳定的安全生产形势，为公司各项生产（工作）任务的顺利完成提供了可靠的安全保证，也为全局的安全生产做出了贡献。

93. 安全教育扑克牌寓教于乐方法

北京建工集团五建公司在安全教育中，针对农民工的特点，开发并制作了安全教育扑克牌，这不仅丰富了农民工的娱乐生活，还潜移默化地进行了安全教育。

2003 年，五建公司开始着手策划安全教育扑克牌。对于扑克牌，公司在制作之前确定了一个原则：大众化，就是不能只针对建筑业。所以，扑克牌里不仅包括了建筑施工作业的安全知识，还包括了交通安全知识、公共卫生知识、社会公共安全常识，以及火灾自救、紧急避险知识等。总之，安全教育扑克牌就是在内容上收集农民工在作业环境、生活当中所有可能遇到的安全问题，把它归纳到 54 张牌里，让农民工在玩儿的过程中，时时强化这些安全知识，真正做到寓教于乐。农民工反映说：安全教育的内容，天天玩，天天看，不知不觉就记住了。

现在这个扑克牌已经国家知识产权局批准，获得了实用新型专利。以扑克牌为载体进行安全教育，在国内这是第一份，是安全生产中的一个亮点。专利保护的是扑克牌中的安全知识内容，而不是扑克牌这种形式，因此，其他企业也可以采用扑克牌的形式，进行安全生产知识教育。

94. 开展“SC 小组”活动方法

“SC 小组”即为安全管理小组，由安全管理的英文（Safety Control）而来。“SC 小组”是单位或班组中负责安全把关和安全攻关的核心，是让职工参加安全管理的一个重要措施。福建省某厂从 1999 年开始开展“SC 小组”活动，近年来，各车间考核分数总体得到提高，事故违章率下降，生产现场文明整洁得到改善，逐步实现车间、班组的操作标准化、考核制度化，管理水平得到提高。

（1）“SC 小组”活动的目的和任务

1）“SC 小组”活动的目的。“SC 小组”活动的目的是通过开展活动，发挥职工的聪明才智，提出合理化建议，进行技术革新，强化管理，解决工作中的安全问题，提高管理水平。

2）“SC 小组”活动的任务。“SC 小组”活动的任务主要有以下 4 项：

①抓教育，提高安全意识。班组组织小组成员认真学习工艺、安全知识，传授科学方法和操作技能，提高广大职工的安全意识和技术素质。

②抓活动，保证安全生产。围绕生产过程中存在的问题，选择活动课题，制订活动计划，按照 PDCA 循环的工作程序，运用数理统计和其他现代安全管理方法，结合专业技术，开展技术改造、技术攻关和现场危险因素控制等活动，把控制危险因素、改进管理、提合理化建议、搞试验、小改革、安全协作和班组建设等紧密结合起来，努力提高安全管理小组的成果率，保证生产顺利进行。

③抓基础，强化班组管理。结合班组和工序安全管理的实际，制定班组安全管理程序、标准和考核制度，扭转习惯性、自由化操作，使各项基础工作向程序化、制度化、标准化方面转变。

④抓自身建设，不断巩固提高。通过各种有益活动，激励成员参加民主管理，在安全生产方面发挥集体智慧，多出成果，多出人才，为提高企业素质和经济效益做出贡献。

（2）如何开展“SC 小组”活动

1）建立“SC 小组”。“SC 小组”可分为车间（科室）级和班组级。班组级小组以工人为主，车间（科室）级可由领导干部、技术人员和工人结合。小组以解决问题为原则，要求组员有较高的安全意识和较强的责任心、事业心，人数不宜太少，但也不能太多，一般为 3~10 人，对工作开展较为有利。

2）对“SC 小组”进行注册登记。“SC 小组”应经其上一级安全管理部门注册登记。注册登记表中必须包括小组机构、活动课题、现状以及目标这几个重要方面。“SC 小组”的注册登记不搞“终身制”，而是每年重新注册一次，这有利于推动“SC 小组”活动和提高实际效果，对那些长期没有活动的小组应予以注销。

3）选择活动课题。

①选题依据。选题主要依据企业和工序的实际情况，有三方面可供参考：一是根据工厂安全方针目标和发展规划选题；二是根据安全事故隐患或事故预测选题；三是根据工序间衔接关系和安全需要选题。

②选题类型。选题类型有两类：一类是为了对生产过程的全部危险因素进行有效控制而开展各类工作，以提高现场安全管理水平为目的的现场管理型；另一类是为了满足安全生产的要求，必须采取安全措施、引进新技术、改进旧工艺，以提高生产线本质安全化的技术攻关型。

③选题范围。要围绕减少事故，改善作业环境的主题，可以设备安全、工业卫生、环境保护、班组管理等为内容。

4）各小组按 PDCA 循环小组活动，分四阶段八步走：

①P 阶段（计划）内容如下：

第一步：针对课题，分析现状，找出存在的问题。

第二步：就存在的问题分析其原因，列出影响因素。

第三步：找出影响因素中的主要因素。

第四步：针对各主次因素，制定措施，提出活动计划实施表。

在以上分析计划过程中，安全部门应给予帮助和指导，借助数理统计、事故树、事件树、安全评价、排列图、因果图等手段帮助分析，运用对策表制订实施计划，明确对策措施、负责人、实施时间。

②D 阶段（实施）。

第五步：小组成员按计划分工协作，实施活动内容，注册登记部门负责监督检查各小组活动的开展情况。

③C 阶段（检查）。

第六步：根据计划检查实施效果，及时总结和调整工作。

④A 阶段（巩固）。

第七步：对检查的结果加以总结。把成功的经验和失败的教训提升为理论，作为制定考核制度、管理标准、操作规范或技术参数的依据，指导实际工作，使之制度化、标准化、规范化。

第八步：提出这一循环尚未解决的问题，转到下一轮 PDCA 循环中去解决。

5）各小组将本循环期间内开展的活动总结成文，整理成“SC 小组”成果发布材料，交“SC 小组”注册登记部门审查。

6）组织“SC 小组”活动成果评审发布会。

①组织“SC 小组”活动成果评审小组。评审小组成员由熟悉安全、工艺、设备及管理的人员组成。

②明确评分标准。评分标准应在活动开展前就应该明确，同时为了能真实地评价各“SC 小组”活动开展的效果，它分为日常活动和现场发布两部分。日常活动包括小组概况、课题分析、活动实施、检查、总结、效果等评分项目，现场发布要求语言流畅、形象生动、分析方法有力、逻辑合理、措施落实、成果显著等。

③召开“SC 小组”活动成果发布会。让每个“SC 小组”选一名熟悉本课题活动过程的人上台发布成果。发布会上可通过黑板、投影仪、图表等工具增强发布效果。发布会可邀请各班组的班组长、安全员参加。通过发布会，各“SC 小组”交流推广其活动成果。

④对开展活动确有成效的“SC 小组”，根据发布会评比所得的名次给予物质和精神奖励，激励优秀，鞭策后者。

（3）开展“SC 小组”活动，促进企业安全生产

开展“SC 小组”活动，可以让员工参与安全管理的积极性、主

动性和创造性真正充分发挥出来。“SC 小组”活动是推广群众性安全管理的重要措施，使基层自身就能努力做好安全工作，它提高了基层安全管理水平，是全面安全管理的重要内容，是全员安全管理的有效方法。

1）“SC 小组”活动为劳动者提供了参与民主管理的权利，鼓励职工积极参与，它为职工参与安全管理、施展才华创造了条件。职工从自身作业环境和劳动条件出发，保证自身利益，为安全工作出谋策划，身体力行，搞好安全生产。

2）组织召开“SC 小组”活动成果发布会，进行考核评比，通过物质和精神奖励，鼓励并促使职工在开展活动过程中，认真计划组织，做实事，出实效。

3）“SC 小组”成员大都是生产一线的工人、技术人员或领导，他们从事设备操作及工艺参数调整控制，最有可能发现危险因素及事故发生规律。发挥他们的主动性、创造性，提合理化建议，进行技术革新，并贯彻到“SC 小组”的实践活动，贯穿于每日的生产过程，解决安全问题，完善管理，取得成效，也能使职工参与安全管理的价值得到实现。

4）“SC 小组”活动改变了安全部门的工作方式。原来是苦口婆心地说教，抓落实、促整改。现在车间或班组会主动要求安全部门帮助指导做好安全工作。安全部门除了跟踪、考评“SC 小组”活动开展情况外，主要是进行安全管理科学方法的教育，指导他们发现问题、分析问题、如何开展工作，提高“SC 小组”活动成果率。

5）“SC 小组”活动使一些活动成果，如车间或班组的管理规章、考核方法、设备检查、维护制度得到确立并实施，一些设备的小改小革提高了设备的本质安全，通过 PDCA 循环，有效提高企业基层安全管理水平。